決断の太平洋戦史

「指揮統帥文化」からみた軍人たち

大木 毅

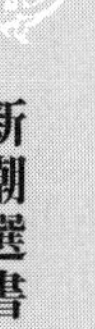

新潮選書

決断の太平洋戦史「指揮統帥文化」からみた軍人たち　目次

決断の太平洋戦史「指揮統帥文化」からみた軍人たち

はじめに

二〇二二年に、第二次世界大戦に参戦した諸国の軍人列伝『指揮官たちの第二次大戦　素顔の将帥列伝』（新潮選書）を上梓（じょうし）したところ、幸い好評が得られ、その続編「指揮官と参謀たちの太平洋戦争」を『波』誌（新潮社）に連載することになった。それらの記事に加筆訂正を加えたものが本書である。なお、単行本化にあたり、書名を『決断の太平洋戦史「指揮統帥文化」からみた軍人たち』とした。

扱う題材の性質上、また必然的に軍人としての能力を分析・評価する必要があることから、戦略・作戦・戦術といった、いわゆる「戦争の諸階層（レヴェルズ・オヴ・ウォー）」や「指揮統帥文化（コマンド・カルチャー）」をはじめとする諸概念を用いることになるが、武張（ぶば）った硬い論文というわけではない。前作同様、戦争における人間、あるいは人間の集団への関心を基盤として、軍人たち（今回、日本陸海軍にあっては参謀がときに司令官以上の役割を演じたことに鑑み、彼らも論述の対象とした）の思考や信条のにおいがするような言動や挿話から、その実像を捉える試みに主眼を置くことには変わりはない。言い換えれば、本書の目的は、読者のヒューマン・インタレストを満たすことにある。この課題を果たすことができたか否かは、読者が巻を閉じたときのご判断におまかせしよう。

なお、あの戦争については、周知のごとく、「大東亜戦争」、「十五年戦争」、「太平洋戦争」、「アジア太平洋戦争」など、さまざまな呼称が存在し、分析・認識概念としての有効性を競っている。個人的には、「アジア太平洋戦争」がもっとも適切なのではないかと考えているが、この言葉はあいにく党派性と結びついたものとなってしまった。「アジア太平洋戦争」と称していないことを非難がましく指摘する記述が巷間しばしばみられるのも、その一証左であろう。「大東亜戦争」も同様であるけれども、政治・歴史認識において自らの陣営に属するか否かの踏み絵に使われる呼称は、学術・文芸の言葉として用いることはできまい。

よって、筆者は、手垢がついた凡庸な名称であるがゆえに、結果的に最大公約数的な価値中立性を得ていると思われる「太平洋戦争」を使うことにしている。本書においてもしかり。将来、考えをあらためる、あるいは、より的を射た呼称が出現した場合にそちらを採用することがあるかもしれないが、さしあたりはそういうことである。

凡例

一、引用にあたっては、旧字旧かな・カタカナを新字新かなに直し、適宜句読点とルビを補っている。改行をつないだ箇所もある。〔 〕内は大木の補註。

二、固有名詞のカナ表記は原音によることを原則とするが、日本語で定着していると思われるものは慣用に従う。たとえば、Bougainville は「ブーゲンビル」、Savo は「サボ」とする。ただし、原音にもとづく表記が日本での慣用と著しく異なる場合は註記した。

　また、参照した文献名内の表記は、原文のままに留めている。

三、欧文からの引用は、邦訳がある場合でも訳語の統一などのため、拙訳を使用する。

四、職名・階級等は、対象の記述時点のものを付す。

第一章

「戦争になって、不充分な兵力で相当厄介な仕事にかかることになるか」
アーサー・E・パーシヴァル名誉中将（イギリス陸軍）

愚将かスケープゴートか

筆者はかつて、上層階級の出身でもなければ、陸軍士官学校も卒業していないにもかかわらず、第二次世界大戦のビルマ戦線で優れた功績を上げ、元帥にまで昇りつめたウィリアム・スリムの小伝を発表し、その「非エリートの凄み」、またアウトサイダーの抜擢に長けたイギリス軍の軍隊文化を評価したことがある（拙著『指揮官たちの第二次大戦』）。

ところが、スリム同様に軍の傍流、それも志願兵からの叩き上げで、軍司令官にまでなりながら、イギリス史上最大の降伏の責任者として批判されてきた軍人がいる。一九四二年、マレーに侵攻した日本軍に降伏し、イギリスが誇る東洋一の要塞シンガポールを明け渡したアーサー・E・パーシヴァル名誉中将だ。

この大敗ゆえに、パーシヴァルは一般に、優柔不断な愚将とみなされてきた。その代表的な例は、イギリスの心理学者ノーマン・ディクソンの主著『軍事的無能の心理学について』であったろう。そこでのパーシヴァルは、失敗を恐れるあまり、適切な決断を下せなかった男に描かれている（Norman F. Dixon, *On the Psychology of Military Incompetence*）。

日本でも、降伏交渉で第二五軍司令官山下奉文（やましたともゆき）中将に詰め寄られて、神経質そうに眼をしばたたく姿が撮影され[1]、それがニュース映画によって流布されたことから、繊弱（せんじゃく）な指揮官という印象が広められたかと思う。おそらく、そのパーシヴァル像は現在でも変わってはいまい。

しかしながら、パーシヴァルは、すでに触れたように、その才幹によって一介の志願兵から将官に進んだ人物であり、シンガポールの敗北までは、飛び抜けた頭脳の持ち主として鳴らした参謀将校であった。

また、戦後に研究が進むにつれて、一九七〇年代ごろから、マレー戦役においても、敗北の主たる原因は、イギリス側の防御態勢の準備未成と、未熟で装備も貧弱な植民地部隊の質的劣勢であって、パーシヴァルの統帥が致命的にまずかったわけではないとする弁護論も出てきた。なかには、英陸軍士官学校の教官であったクリフォード・キンヴィッグのように、ウィンストン・チャーチル首相以下、中央の首脳陣の過（あやま）てる戦争指導こそがシンガポール失陥（しっかん）の原因であり、パーシヴァルはその失敗の責任を押しつけられたスケープゴートにすぎないとする者もある（Clifford Kinvig, *Scapegoat*）。

はたして、パーシヴァルは愚将だったのか、それともスケープゴートにされたのか？

本稿では、この問題に注目しつつ、シンガポールの敗将の生涯を概観していきたい。

有能な下級指揮官

一八八七年十二月二十六日、イングランド東部のハートフォードシャー州アスペンデンで暮らしていたパーシヴァル家は次男坊を授かった。不動産業を営む父も、ランカシャーの綿農家から嫁いできた母も、このアーサー・アーネストと名付けられた子が、名声か悪名かは措くとして、歴史に名を残す将軍になろうとは夢にも思っていなかったであろう。

アーサー・E・パーシヴァル
(1887-1966)

事実、パブリック・スクールの名門ラグビー校に進んだころのアーサーには、職業軍人をめざすようなところはみられなかった。学生の軍事教練団体である「ラグビー校志願ライフル隊」に所属し、「軍旗衛兵下士官」に任じられてはいたけれども、むしろ、クリケットやテニス、クロス・カントリー競技などで活躍するスポーツマンとして名を馳せていたのである。

ラグビー校卒業後も、将校をめざすでもなく、ロンドンの鉄鋼商に事務員として勤めた。その眼を軍隊に向けさせたのは、一九一四年の第一次世界大戦勃発であった。当時の若者の多くがそうであったように、アーサー・E・パーシヴァルもまた祖国の敵と戦うことは自分の責務であると考え、陸軍に志願したのだ。このとき、彼は二十六歳になっていた。

ロンドンの将校訓練団に一兵卒として入隊したパーシヴァルは、五週間の教育を受けたのち、臨時少尉に任官した。それが、第一次世界大戦の高い戦死率による下級指揮官不足ゆえか、一九一四年十一月にはもう大尉に進級している。以後、パーシヴァルは西部戦線に従軍し、一九一六年のソンム戦などを経験した。同年九月には重傷を負い、軍十字章（ミリタリー・クロス）を授与された。

一九一六年十月、傷を癒（い）やしたパーシヴァルは、エセックス連隊において正規の大尉に任官した。いよいよ職業軍人としての道を歩み出したわけである。指揮官としてのパーシヴァルは、大隊長や旅団長代理などの職に補されて、各地でめざましい功績を上げた。それらの活躍により、武功殊勲章（ディスティンギッシュド・サーヴィス・オーダー）やフランスの戦功十字章（クロワ・ド・ゲール）を受けたりもしている。

こうして、パーシヴァルは、優れた将校と目され、将来を嘱望（しょくぼう）されるようになった。階級も勲功進級[2]の少佐となっている。戦争末期の人事考課報告では、「きわめて有能で、部下に慕われている勇敢な軍人なり。陸軍大学校（スタッフ・カレッジ）に推薦する」と評価されていたという（Keith Simpson,

"Percival")。

ただし、パーシヴァルの陸大入校はずっとあとになった。一九一九年、革命以後のロシア内戦に干渉したイギリスの派遣部隊勤務を志願したからである。ここでも、少なからぬ働きを示したパーシヴァルだったが、一九二〇年には、もう一つの陰惨な戦場に派遣されることになる。アイルランドの内戦に介入したイギリス軍部隊に転属を命じられたのだ。

このIRA(アイルランド共和国軍)相手の戦闘でも、パーシヴァルは頭角を現し、最初はエセックス連隊の中隊長、ついで同連隊第一大隊の情報将校として、今日の軍事用語でいうCOIN(「対反乱戦」counter-insurgency、対ゲリラ・パルチザン戦)を遂行していく。ちなみに、当時のパーシヴァルは自転車を装備した「機動縦列」を創設し、おおいに活用していた。のちのマレー戦役で、彼が日本軍のいわゆる「銀輪部隊」に苦しめられたことを思うと、いささか皮肉の感を禁じ得ない。

また、IRAに対するパーシヴァルの姿勢は苛烈をきわめ、捕虜の拷問や虐待も辞さなかったと非難されている。さりながら、前出のキンヴィッグのように、それは彼を悪玉に仕立てようとするIRAのプロパガンダで不当な評価であるとする者もあり、この点については将来の研究を待つこととしたい。

参謀将校として累進する

一九二三年、イングランドに戻ったパーシヴァルは、陸軍大学校の学生となった。興味深いことに、当時の教官には、軍事思想家として有名なジョン・F・C・フラーがおり、パーシヴァルもまた、その講義を受けているが、それが以後の彼にどのような影響を与えたかはつまびらかでない。

いずれにせよ、パーシヴァルは陸大でも好成績を収め、早期進級待遇を受ける八人の一人に選ばれた。一九二四年に卒業、正規の少佐となる。つぎの任地は西アフリカであり、ここでナイジェリア連隊の幕僚として四年間を過ごした。

一九二九年、中佐に勲功進級したパーシヴァルは、翌年に帰国し、参謀将校としてのエリートコースを歩み出すことになる。一九三一年、教官として配置された陸大で、彼は、またとない後ろ盾にめぐりあった。当時の校長はジョン・ディル少将。のちに帝国参謀総長の重職を務め、最高の階級である元帥にまで進級した大物である。ディルは、新任教官の才覚を認め、自らが出世するとともに、このかつての部下を引き上げていったのだ。

こうして、将来の帝国参謀総長のバックアップを得たパーシヴァルは、一九三二年から三六年までチェシャー連隊第二大隊長を務めていたが、その間、一九三五年には帝国国防学院（インペリアル・ディフェンス・カレッジ）に入校・卒業している。帝国国防学院は、軍人、外交官、高級官僚のうち、とくに優れた者を選び、トップクラスのポストにつくための教育を授ける目的で設立された機関であるから、この事実も、当時のパーシヴァルが得ていた声価の証左といえる。

しかし、より注目すべきは、一九三六年に大佐に進級したパーシヴァルが、同年、マレー方面軍の参謀長に就任したことであろう。彼はこの職に補せられるとすぐに、重要な洞察をなす。軍司令官ウィリアム・ドビー少将から、日本軍がシンガポール攻撃に向けて前進拠点を構築するのを防ぐために、マレー半島に現状以上の兵力を置くことが必要かどうかを研究せよと命じられたパーシヴァルは、一九三七年後半に報告書をまとめた。その結論は、日本軍がタイとマレー半島北部東岸に上陸し、飛行場を占領、航空優勢を確保した上でマレー半島を南下、シンガポールを裏口から攻撃する可能性があるというものだったのだ。彼の能力を判断する上で、見逃せない挿話であろう。

一九三八年、イングランドに戻り、オールダーショット兵営司令部の幕僚に補せられる。その配置において、パーシヴァルは一九三九年の開戦を迎えたのである。彼は恩人のディル将軍率いる第一軍団の参謀として出征する。以後、第四三師団長、帝国参謀次長、第四四師団長などを歴任、フランスでの戦いを経験し、また、英本土の沿岸防衛陣地構築の任務にあたった。この間に、准将、さらに少将に進級している。一九四一年にはバス勲章を拝受した。

一九四一年四月、中将（戦時進級）に進んだパーシヴァルは運命的な辞令を受け取った。マレー方面軍司令官に任命されたのである。すでに触れたように、かつての同方面軍参謀長として、マレー防備の未成を知るパーシヴァルにとって、この補職は不吉なものと感じられたらしい。彼の回想録から引用しよう。

「マレーへの途上、私は二重の危険にさらされていると認識した。東洋で戦争が勃発しない場合は、数年間も閑職に放置される指揮官ということになってしまう。あるいは、戦争になって、不充分な兵力で相当厄介な仕事にかかることになるか、だ」(Arthur E. Percival, *The War in Malaya*)。

戦略的劣勢

一九四一年十二月八日の開戦以降、日本軍がマレー半島を南下、シンガポール要塞を攻略して、イギリス軍に降伏の屈辱を嘗(な)めさせるまでの経緯については、多数の文献が存在することでもあり、また紙幅の制限もあるから、ここであらためて詳述することは控えよう。その代わりに、戦略・作戦・戦術の三次元にわたって、パーシヴァル個人がこの大敗にいかなる責任を負っているのか、あるいはそうでないのか、ポイントを絞って検討していくことにしたい。

戦略的には、先に述べたようにパーシヴァルは、日本軍の打ってくる手をほぼ正確に読んでいた。しかし、本国は、彼が有効な対抗手段を取るためのリソースを充分に与えなかったのだ。その背景には、イギリスのグローバルな防衛態勢が、第二次世界大戦へ向かう流れのなかでの情勢急変についていけなかったことがある。

そもそも、イギリスの戦略において、マレー防衛の主役を演じるのは、陸軍ではなく、海軍のはずだった。非常時には、シンガポール軍港に有力な艦隊を派遣し、海上優勢を確保、敵の接近を阻止する。陸軍は、かかる艦隊の根拠地を安泰たらしめるために、シンガポール島とその対岸にあるジョホール州南部を固守すればよい。それが、イギリスの基本戦略だった。

ところが、日本が一九四一年に南部仏印に進駐すると、そうした戦略の前提があやうくなった。いうまでもなく、日本軍が海上からマレーに侵攻するための根拠地がいっそう近接したことにより、艦隊による上陸封止が困難になったからである。

シンガポールに向け進撃する九七式中戦車

加えて、タイおよびマレー半島北部から南下してのシンガポール攻撃の可能性も高まった。

これに対し、イギリス中央の指導部は、本国から増援が到着して防御態勢が安定するまで、空軍によってマレーを維持するという策を出した。しかしながら、このような作戦を実行するには、マレー半島に点在する飛行場を守るために、陸軍が広汎に展開しなければならぬ。すなわち、日本軍の攻撃に対して、どの地点でも脆弱(ぜいじゃく)であるという事態になりかねないのだった。

この、まさしくマレー戦役において現実となった苦境を避けるには、当時の英軍現地部隊の兵力・装備は寡少に過ぎた。ならば、開戦前に思いきった増援がなされるべきであったろうが、それは実行されなかった。戦艦「プリンス・オヴ・ウェールズ」と巡洋戦艦「レパルス」を基幹とする艦隊こそ派遣されたものの、陸軍については、一九四〇年にマレーに置かれたインド軍ならびにオーストラリア軍の諸部隊のみというありさまだった。空から日本軍を撃退するはずの空軍部隊も、三百ないし五百機を保有するレベルまで兵力を引き上げるはずだったのだが、その数字に達することはなかったのである（開戦時の保有機数は百六十四）。

日本が今にもマレー攻撃にかかるかと思われたときに、なぜ、こうした無為がまかり通ったのか。むろん、イギリス軍が日本軍の実力を過小評価していたということもあろう。しかし、それ以上に大きなファクターは、イギリスが北アフリカと中東における枢軸側との戦い、また、ドイツの侵攻によって崩壊の淵に瀕していたようにみえたソ連への援助で手一杯だったことである。イギリスの戦略にとって、中東の防衛とソ連の継戦支持は、最終的な勝利を得る上で、シンガポール確保よりもはるかに優先度が高かったのだ。

かくて、パーシヴァルは、マレー防衛の弱点も、適切な対応策も承知していながら、本国の支援を得られず、手持ちの兵力だけで戦うことを強いられたのであった。これは、シンガポール失陥における彼の責任を問う際、たしかに情状酌量の材料となるだろう。もっとも、パーシヴァル自身は戦後の回想で、最高指導部の決定は正しかったと述べている。「シンガポールを救ったかもしれぬ軍用物資はロシアと中東に送られていた」が、イギリスは西方において命懸けの戦いを実行していたのだから、「本決定は苦痛にみちた残念なものではあったけれど、不可避で正しいものだった」と（Percival, *The War in Malaya*）。

降伏とパーシヴァルの戦後

戦略と関連する作戦次元においては、日本軍の先手を打ってタイに侵攻する「闘牛士（マタドール）」作戦を、一九四一年十二月五日にロンドンの許可を得ていながら実行しなかったことは、パーシヴァルの大きな失点であるとの批判がある。しかしながら、イギリス政府は、不用意に戦争を引き起こしかねないタイ侵攻にはずっと消極的だったし、十二月五日の許可についても、さまざまな留保を付けていたのである。

戦術的には、パーシヴァルは、マレー方面軍の主力となったインド軍部隊の訓練・技倆（ぎりょう）不足に悩まされていた。不幸なことに、当時のインド軍は大拡張のさなかであり、マレー方面軍麾（き）下（か）の諸部隊からベテラン将校多数が新編途上の部隊に引き抜かれたことも質の低下に拍車をかけていたのだ。パーシヴァルは、インド軍部隊の教育・訓練に大わらわだったけれども、開戦には間に合わなかった。

結局、戦略・作戦・戦術のすべての次元にわたって問題を抱えたマレーの防衛は、惨憺（さんたん）たる敗北に終わった。海の守りの要（かなめ）であった「プリンス・オヴ・ウェールズ」と「レパルス」はマレー沖海戦で撃沈され、頼みとしていた航空部隊も潰滅する。日本軍はおよそ一千百キロの距離を踏破して、シンガポールに迫った。

一九四二年二月十五日、もはや守り切れぬと覚悟したパーシヴァルは、シンガポールのフォード自動車組立工場において行われた停戦交渉で、山下第二五軍司令官に降伏する。

かくて、パーシヴァルは大戦の残りを捕虜として過ごすことになり、シンガポールのチャンギー監獄や台湾、満洲（まんしゅう）などに置かれた収容所を転々とした。だが、日本の敗戦とともに解放され、フィリピンの日本軍降伏調印式に参加し――敗軍の将となった山下と再会している。

イギリスに戻ったパーシヴァルは、一九四六年、名誉階級の中将として陸軍を退役した。ただし、年金は、正規の階級である少将相当の金額しか支払われなかったという。一九六六年、ロンドンの「エドワード七世王病院」にて死去。享年七十八であった。

以上、あまり日本では知られていないと思われるパーシヴァル弁護論を中心に、その小伝をまとめてきた。もちろん、彼がマレー戦役で見せた作戦・戦術次元の不決断や錯誤が、それで免責されるわけではない。にもかかわらず、シンガポール陥落に関する責任を、ただ一人に押しつける議論が、今日では必ずしも通用しなくなっていることは確認されるであろう。

いわば、パーシヴァルは、傾きはじめた老大国が過酷な大戦を遂行したがゆえの無理を引き受けた存在だったといえる。あるいは、時期と戦略環境がちがったなら、日本軍のインパール作戦をしりぞけたスリム同様の活躍ができたのかもしれない。だが、一九四四年のスリムがビルマで享受していた戦略次元の優越は、マレー戦役のパーシヴァルにはなかったのである。

註

（1） 当時、日本映画社のニュースカメラマンだった稲垣浩邦（いながきひろくに）（山下・パーシヴァル会見を撮影した）と本間金資（ほんまきんすけ）は、一九八六年に催された座談会で興味深い証言を残している。

「**稲垣** 十八〔一九四三〕年頃だけど、捕虜になったパーシバルを撮影にいったんだよ。〔中略〕パーシバルの家には軍服を飾ってあったね。魚釣りの場面を取（ママ）るっていう設定だ。パーシバルは魚釣るのはいやだって言う。それで口説き抜いて撮影したら、ガタガタ震えるんだね。

本間 あの人は神経症で、普通にしてても震えてるんだ」（「『日本ニュース』報道班員座談会　太平洋戦争の決定的瞬間」）。

パーシヴァルの人となりの一側面を捉えた指摘といえよう。

（2） 戦時の必要、あるいは勲功に応じて、正規のそれよりも上の階級の権能を与える制度。

第二章
「パーフェクトゲーム」
三川軍一中将（日本海軍）

「モリソン戦史」の癖

いわゆる「モリソン戦史」、すなわち『第二次世界大戦合衆国海軍戦史』は、アメリカ海軍の公刊戦史であり、第二次大戦史に関する最重要の基本資料であることはいうまでもない。だが、その編纂に至る道程は、通常の公刊戦史とはいささか異なる。

昭和十六（一九四一）年十二月、すでに歴史家としての名声を得ていたサミュエル・E・モリソン博士は、真珠湾攻撃の直後、フランクリン・D・ローズヴェルト大統領に手紙を送り、この戦争については今から海軍の公刊戦史を準備すべきであり、自分がその任に当たりたいと訴えた。ローズヴェルトはモリソンの申し出を承認し、彼に海軍予備少佐の階級ならびに、海軍の各部署を自由に訪問し公文書を閲覧する権限を与えたのだ。

こうした特権のもと、さまざまな現場を実見し、公文書を渉猟したモリソンは、戦後、十五巻におよぶ米海軍の第二次大戦公刊戦史を著した。(1)「モリソン戦史」の誕生である。かかる背景のもと、モリソン戦史は太平洋戦争の研究にも大きな影響を与えた。それは、戦争終結より八十年近くを経た現在の日本でも、少なからぬ戦史書がモリソンの記述にもとづいた議論を展開していることからも裏付けられよう。

その一方で、刊行当初より指摘されていたその議論の癖については、今はもう忘れられてしまったようだ。どういうことか。実は、米海軍より特権的なまでの厚遇を受けたモリソンの筆には、ある種の身びいきがみられたのである。(2)それは、少なくとも昭和のころまで、原書でモリソン戦史にあたっていた人々には、暗黙の了解とされていた。

芥川賞作家で戦争文学に熱心に取り組んでいた野呂邦暢は、昭和二十年代から三十年代にかけて刊行されていた戦記雑誌『今日の話題』(土曜通信社)の編者の一人、木村八郎元海軍大尉より書簡で、以下のコメントを得ている。

「〔……木村は〕信頼すべきアメリカ側の史書としては、サミュエル・エリオット・モリソン博士の『太平洋米国海軍作戦』〔『第二次世界大戦合衆国海軍戦史』〕を今のところ唯一の詳細な戦史としてすすめ、しかし、モリソン博士の叙述はやや感情に走るきらいがあり、ようやく冷静客観的に戦闘の経過を物語るようになるのは沖縄戦まで待たなければならない、とつけ加えてあった」。これに対する野呂の反応は、「唯一の史書がこの有り様である。沖縄戦といえば敗戦四カ月前である。S・E・モリソン博士は日本の挑戦がよほどアタマに来たのであろう」というものであった（野呂邦暢『新装版　失われた兵士たち――戦争文学試論』）。

むろん、モリソンはプロの歴史家であるから、ひいきの引き倒しとそしられるような牽強付会の議論などは展開していない。にもかかわらず、たとえば彼が、真珠湾攻撃は海軍工廠や燃料タンク等を狙わず、攻撃を艦船に集中するという戦術的ミスを犯したと難じるとき（S. E. Morison, *History of United States Naval Operations in World War II*, Vol. III. 以下、本叢書をHUSNOと略記する）、日本海軍の成功に百点満点をつけたくないという心理がはたらいてはいないか――。そういう疑問を完全に否定することは、おそらく困難だろう。

三川軍一（1888-1981）

このようなモリソン（あるいは米海軍の、と言い換えてもよいかもしれない）の姿勢は、第一次ソロモン海戦（米側呼称は「サボ島海戦」Battle of Savo Island）の評価にもあらわれている。昭和十七（一九四二）年八月八日から九日にかけて生起したこの海戦で、日本艦隊は一方的に米艦隊を撃破したものの、ガダルカナル島進攻部隊を支える装備や物資を積んだ輸送船団には手をつけずに戦場を去っていった。ために、モリソンは、この海戦に参加した英海軍のヴィクター・クラッチレー少将の「わが軍は、敵が輸送船に手をつけるのを防ぐという目的を達成した」とする言葉を引用し、日本側が決定的な勝利を得られなかったとしたのだ（HUSNO, Vol. V）。

かくのごとき評価は、敗者となった連合軍の指揮官たちの釈明に多分に支えられていたのだが、第一次ソロモン海戦後にも、ガダルカナルをめぐって長期にわたる激烈な戦役が展開されたことが影響して、しだいに説得力を増していった。今日の日本でも、そうした主張は有力であり、筆者も、日本艦隊の指揮官は「失敗」したとまで断言している某テレビ局のドキュメンタリーを観たことがある。

しかし、日本側の責任者、つまり第八艦隊司令長官三川軍一（みかわぐんいち）中将の第一次ソロモン海戦における指揮は、かような酷評を浴びせられるほどに拙劣だったのだろうか。三川が輸送船団撃滅を実現していたら、米軍をガダルカナルから駆逐することができたとするようなイフは、どこまで妥当するのだろうか。

本稿では、この問題に焦点を合わせつつ、三川が当時、さらには海戦後に何を考えていたのかを考察してみることにしたい。

三川軍一は、明治二十一（一八八八）年八月二十九日、広島県の農家に生まれた。次男坊だった三川は海軍士官を志し、広島一中（旧制）を経て、明治四十（一九〇七）年に海軍兵学校に入った。クラスは三八期で、同期には、やはり太平洋戦争で艦隊司令長官を務めることになる栗田健男や戸塚道太郎らがいた。

明治四十三（一九一〇）年に席次三番で海軍兵学校を卒業した三川は、順調なキャリアをたどった。周知のごとく、海軍士官の出世は、海軍兵学校の卒業席次、通称「ハンモックナンバー」に左右されるところが大きい。三番で卒業の優等生三川は、高級指揮官の養成機関である海軍大学校にも難なく合格し（二二期）、大正十三（一九二四）年に卒業した。以後の履歴も、駐仏武官、重巡洋艦「青葉」艦長、同「鳥海」艦長、戦艦「霧島」艦長、軍令部第二部長など、華やかなポストを歴任している。昭和十六（一九四一）年十二月の日米開戦時には、三川は中将に進級し、南雲忠一中将の機動部隊に編入された第三戦隊（戦艦「比叡」「霧島」より成る）司令官に補せられていた。三川は、この職にあって、真珠湾攻撃に参加したのだ。

――と、三川のキャリアを記してはみたものの、その人となりを伝えるような評判やエピソードはさほど残されていない。戦後の三川は、さまざまに批判されたこともあってか、「言挙げせぬ海軍」という言葉そのままに、自らを語ろうとしなかったが、実は、そうした性癖は若いころからのものだったらしく、特筆すべき挿話は見当たらないのである。

しかし、ただ一つ、この真珠湾攻撃のときに三川が取ったとされる行動は、おおいに注目に値する。当時中佐で第三戦隊先任参謀だった有田雄三（ありたゆうぞう）の証言によると、次席指揮官、つまり機動部隊のナンバー・ツーの立場にあった三川は、第一次・第二次空襲の成功後、さらに攻撃を加えるよう、南雲司令長官に強く意見具申していたというのだ（中村整史朗「中将　三川軍一――第一次ソロモン海戦の知将」）。典拠がほかにないため、にわかには真偽を判じがたいことであるけれども、もし事実であるとしたら、慎重、さらには消極的とされることが多い現在の三川評価に一石を投じるエピソードであろう。

いずれにせよ、三川は開戦以来、機動部隊の一翼を担って、太平洋からインド洋まで縦横無尽に駆けめぐったが、その活躍も昭和十七年六月のミッドウェイ海戦敗北によって、ひとまず終止符を打たれた。しかしながら、米英相手の戦争は、海軍のエリートにして、歴戦のベテランである三川に拱手傍観（きょうしゅぼうかん）を許すような余裕のあるものではない。

同年七月、三川は、ニューギニア・ソロモン方面へと戦線が拡大したことに対応する目的で新編された第八艦隊（重巡洋艦を基幹兵力とする）の司令長官に任命されたのであった。

二つの問題点

三川がラバウルに将旗を掲げてより十日と経たぬうちに、戦勢は大きく動いた。八月七日、米軍の精鋭第一海兵師団が空母機動部隊の護衛のもと、ガダルカナル島と周辺の小島に上陸したのである。同島に建設中だった飛行場はほぼ完成しており、航空隊の進出を目前に控えていたのだが、これもたちまち占領されてしまった。

日本側が、米軍の本格的反攻は昭和十八（一九四三）年以降とした自らの判断に囚われて、とくに初動でガダルカナル攻勢の意味を見誤り、後手にまわったことは周知の事実であろう。三川軍一と第八艦隊司令部も例外ではない。彼らは当初、この反撃は強行偵察程度のものだろうとみて、基地航空部隊で敵空母、第八艦隊の水上艦艇で敵艦隊を撃ち払った上で、陸兵一個大隊程度を差し向ければ奪回できると楽観していた。

とはいえ、三川の反応は素早かった。ソロモン方面に隷下の艦船を集結させ、基地航空部隊と協同して、来襲した敵を撃破すると決意したのである。ちなみに、このような積極作戦が採用されたのは、首席（先任）参謀神重徳大佐の意見が大きく与っていたという。ここに、敵地に踏み込む「殴り込み」作戦の構想が芽を吹いた。

八月七日午前八時三十分（日本時間、以下同様）、三川は、ソロモン東方海面をガダルカナルに向けて南下するとの命令を下した。その後段には、「爾後の行動は、本日の基地航空部隊の偵察及攻撃に依り之を決するも、為し得る限り夜間敵輸送船団の泊地に殺到、之を撃滅せんとす」とある（防衛庁防衛研修所戦史室『戦史叢書　南東方面海軍作戦〈1〉』。傍点は大木による）。

第一次ソロモン海戦をめぐる議論で問題になる点は、すでに本命令に現れているといえる。一つはガダルカナル泊地攻撃は、第八艦隊の上部組織である連合艦隊や大本営海軍部（戦時に軍令部を基幹として動員編成される統帥機関）から下令されたのではなく、いわば現場のイニシアチヴによる作戦だったことだ。もう一つは、この時点では目標が明確に「敵輸送船団」とされていることである。

戦略方針なき作戦

第一の問題点は、ガダルカナル泊地夜襲が認可される過程で、いっそう増幅された。作戦構想を固めた三川は、連合艦隊司令長官山本五十六（やまもといそろく）大将に攻撃実施の許可を求め、東京の大本営海軍部にも通報した。

連合艦隊司令部では、三川の大胆なプランに、参謀連の四割が賛成し、六割が反対したという。しかし、山本司令長官は、三川が慎重な人物であり、成功のチャンスもあること、しかも勝利が得られればミッドウェイ敗戦後に沈滞した士気を回復する助けとなるだろうと判断し、作戦を認可した。にもかかわらず、山本は連合艦隊からの命令を出さなかったのだ。

一方、大本営海軍部も、三川の作戦があまりにも大きなリスクを抱えていることを危惧した。夜戦に勝つためには、予想される戦闘海域のようすを熟知している必要がある。ところが、第八艦隊の所属艦艇には、ガダルカナル島周辺で行動した経験などありはしない。ましてや、三川の艦隊は新編されたばかりで、いまだ合同訓練さえも実行していないのだ。この寄せ集めの部隊には、長駆進撃して夜襲をかけるなど荷が重すぎるであろう。

大本営海軍部の参謀たちは、こうした理由で三川案に反対したが、やはりミッドウェイ海戦後の沈んだ空気を打開する利があろうという点は否定できなかった。また、連合艦隊が止めに入らなかったことも作用して、軍令部総長永野修身大将は、前線にあって事情をよく知る三川にまかせようと断じた（Denis and Peggy Warner with Sadao Seno, *Disaster in the Pacific.* デニス・ウォーナー／ペギー・ウォーナー／妹尾作太男『摑めなかった勝機――サボ島海戦50年目の雪辱』）。

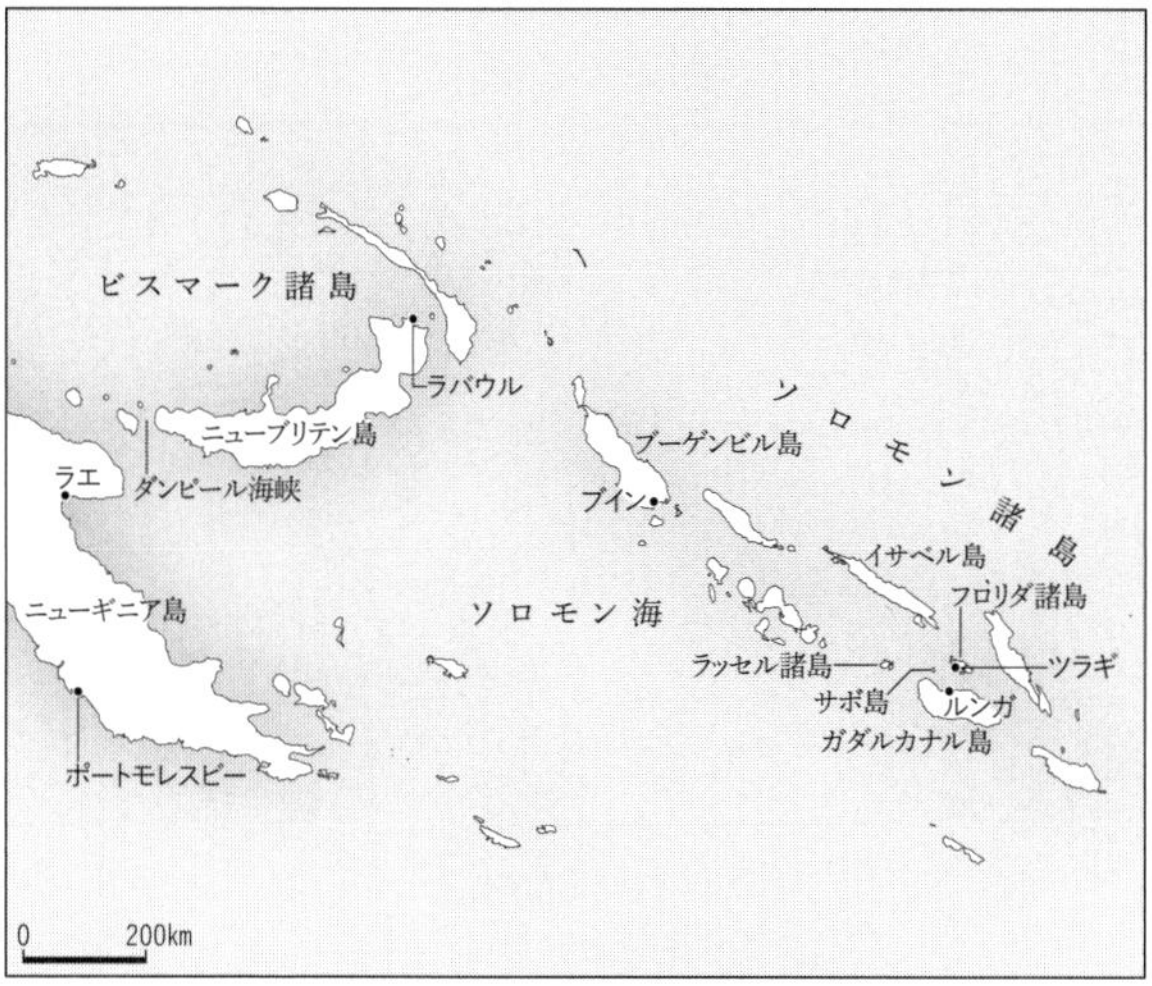

一見、トップは鷹揚に構え、現場に自由にやらせるという日本型リーダーシップが発揮されたように思われる。けれども、そこには大きな問題があった。

米軍反攻の拒止という戦略上の必要から考えて、三川は何を狙うべきか。つまり、軍艦と、上陸部隊の補給・増強に必要不可欠な輸送船のいずれを攻撃目標として優先すべきか、さらに戦闘に際して、どこまで損害を甘受す

第一次ソロモン海戦関係地図

ることが許されるのか――。

これら、戦略次元で定めるべき方針、言い換えれば、大本営海軍部や連合艦隊司令部が決断すべき事項について、明確な指示を得られぬまま、三川は作戦・戦術次元の考慮のみにもとづいて、戦場に赴くことになったのである。

ぶれる目標設定

八月七日朝の時点で、三川が攻撃目標は敵輸送船団であると明言していたことはすでに触れた。それは同日午前中にラバウルに在った各級指揮官を集めての作戦打ち合わせにおいても堅持されており、第八艦隊司令部側は第一目標は輸送船団だと強調している。ちなみに、この打ち合わせで、第八艦隊は編成されたばかりの「烏合(うごう)の衆」であるから、複雑な運動は行わず、単縦陣（縦一列の陣形）一航過(こうか)（片道で通り過ぎること）のみの襲撃とする、米空母艦載機の攻撃を避けるため、夜襲実施ののちはその空襲圏外に離脱する等の戦術的な指示がなされた。

かくて第八艦隊（重巡洋艦「鳥海」「青葉」「加古(かこ)」「衣笠(きぬがさ)」「古鷹(ふるたか)」、軽巡洋艦「天龍(てんりゅう)」「夕張(ゆうばり)」、駆逐艦「夕凪(ゆうなぎ)」）は七日午後にラバウルより出撃したが、夜になって隷下艦船に発した信号通信には、早くも作戦目標の明解性の後退を示す一文が含まれていた。

「敵情に関し情報を得ざれば、八日午前中、前記地点附近〔ブーゲンビル島東方海域〕を機宜行動、情況に応じ八日午後より進撃し、『ガダルカナル』島泊地に殺到し夜戦を以て所在の敵、を撃滅せんとす」（前掲『戦史叢書』。傍点大木）。

　こうした曖昧さは、翌八日の重巡洋艦から発進させた水上偵察機の索敵結果によっても広がっていった。第八艦隊は水上偵察機の報告と基地航空部隊より得た敵情通報にもとづき、ガダルカナル泊地所在の敵兵力は、おおむね戦艦一、巡洋艦四、駆逐艦九、輸送船十五と判断した。

　つまり、輸送船を攻撃しようとすれば、護衛艦艇との戦闘が必至となるような状況である。これを撃破したのちに、なお輸送船を攻撃するのか、そもそも、この作戦の目的は何であるのかといった点があらためて確認されるべきだったろう。けれども、三川の司令部内でそれが議論された形跡はなく、敵地に飛び込んでみた上で、戦術次元の判断により、叩けるものを叩くというのが、いわば語られざる前提となっていたらしい。

「鳥海」砲術長仲繁雄少佐は、ラバウルを出発する前の神参謀の発言について、つぎのように回想している。

「作戦室に私〔仲〕を呼んで、海図をパッとひろげて、『ここにまあ、敵の戦艦、巡洋艦、輸送船五、六十隻ぐらいが接岸して荷役を開始しとる。したがって明日の晩、十時か十一時ごろを期して、この水道に突入して、片っ端からやっつける』といわれた」。「〔砲弾の数には限りがあるから〕大型艦だけ軍艦だけを探照灯で選別して、それを片っ端から撃つと、こういわれた」（亀井宏『ガダルカナル戦記』、第一巻）。

　結局、三川艦隊は、作戦目標の優先順位を不明確にしたまま、夜襲決行に踏み切った。艦載機による攻撃が可能な範囲に米空母が発見されなかったことから、八日午後に空襲を受ける公算は少なく、夜間の泊地突入は可能とみたのである。

八日午前九時十分、三川は、上級組織の第一一航空艦隊（八月七日の米軍上陸に対応し、第八艦隊を統一指揮下に置いた）、連合艦隊司令長官、大本営海軍部に宛てて打電した。

「〔第八艦隊は〕二〇三〇（二十時三十分）頃『ガダルカナル』泊地に殺到、奇襲を加えたる後、急速避退せんとす」（前掲『戦史叢書』）。

かくのごとく、三川艦隊の作戦方針は「夜間敵輸送船団の泊地に殺到、之を撃滅せんとす」から「夜戦を以て所在の敵を撃滅」し、ついには「奇襲を加え」ると、いよいよ具体性を失っていったのであった。

ガダルカナル戦役のイフは成立するのか

こうして生起した第一次ソロモン海戦が、日本側の大勝利に終わったことはいうまでもない。連合軍は一方的に叩かれ、米重巡洋艦三隻、オーストラリア重巡洋艦一隻を失った。ほかに米重巡洋艦一隻、米駆逐艦二隻が大中破している。これに対して、三川艦隊の艦船はわずかな命中弾を受けただけで、深刻な損害はなかった（ただし、「加古」が復路で潜水艦によって撃沈されている）。

しかし、三川艦隊の戦術的成功は認めながらも、戦略的には大きなミスを犯したとする批判があるのは、冒頭で触れた通りだ。事実、三川艦隊は、敵艦隊撃破という戦果こそ上げたものの、再び泊地に突入して、ガダルカナル戦役に重要な意味を持つ輸送船を叩こうとせず、帰投したのである。

このとき、三川以下第八艦隊首脳部は、もう一戦すれば離脱が遅れ、夜明けまでに米空母の空襲圏外に脱出することは不可能になると危惧していた。ところが、当時日本側の基地航空隊の攻撃を恐れた米機動部隊は、輸送船団の掩護を放棄して避退しており、そうした心配は杞憂にすぎなかった(3)。戦後、その事実が伝わってから、三川の決断への批判はいっそう高まっている。

さはさりながら、こうした批判は、しょせん後知恵によるものにすぎない。昭和十七年八月八日から九日にかけての三川は米空母の不在など知らず、艦載機の空襲は現実的な脅威だったのである。

しかも三川には、もう一つの制約が課されていた。三川は第八艦隊司令長官に着任する前に、東京で永野軍令部総長から「無理な注文かも知れないが、日本は工業力が少ないから艦を毀さないようにして貰いたい」と言い含められていたのだ(前掲『戦史叢書』)。加えて、本稿で縷々述べてきたように、三川艦隊の夜襲は、連合艦隊と大本営海軍部のいずれからも、戦略目的は何か、どこまで損害を出すことが許されるのかを明示されぬまま、現場の判断により決行された。ゆえに、三川が敵艦隊撃破の「パーフェクトゲーム」に満足し、艦隊保全のため引き揚げる決意をしたとしても、それを責めることはできまい。

山本連合艦隊司令長官は、三川艦隊が輸送船団撃滅の目的を果たさなかったとして、非常に不満だったという。だが、第一次ソロモン海戦までの経緯をみれば、問題とされるべきは、明瞭な命令も出さずに傍観していた山本の指揮のほうであろう。おそらく、敵輸送船団撃滅の好機を逃すという戦略的過誤を犯した、あるいは、それをみちびいたのは、三川ではなく、山本、そして永野だったといえる。

最後に、三川艦隊が輸送船団を撃滅していれば、ガダルカナルに上陸した海兵隊を支えることはできなくなり、米軍の反攻は失敗に終わったはずだとする主張について検討しておこう。まず、短期的には、輸送船団撃滅により、ガダルカナルの第一海兵師団が継戦不能になることはない。周知のごとく、第一次ソロモン海戦の結果、米輸送船団は装備・物資の陸揚げを中止して、逃げ帰ってしまった。しかし、彼らはすでに三十七日分の食糧を揚陸済みだった上に、撃破した日本海軍の設営隊から、武器・弾薬を含む大量の物資を鹵獲していたのである。つまり、輸送船団が海のもくずと化したとしても、海兵隊がすぐさま撤退にかかることは考えにくいのだ（拙著『「太平洋の巨鷲」山本五十六　用兵思想からみた真価』）。

それでは、戦役が長期化した場合の補給はどうか。ここに興味深い事実がある。ガダルカナルに投入された輸送船は、この年の十一月に発動された北アフリカ上陸（「たいまつ」作戦）に多数の船舶を控置されたのちの残りをかき集めたものだった（HUSNO, Vol. II & V）。おそらく、第一次ソロモン海戦で輸送船が撃滅されたとしても、連合軍は「トーチ」作戦向けの船船を転用して、ガダルカナルの維持をはかったことだろう。その場合、「トーチ」の延期、もしくは規模縮小があった可能性もあるが、かかる「風が吹けば桶屋が儲かる」式のイフに意味があるかどうかは疑わしい。

第一次ソロモン海戦ののち、三川は第二南遣艦隊司令長官、南西方面艦隊兼第一三航空艦隊司令長官などを歴任し、昭和二十（一九四五）年五月に予備役に編入され、生きて終戦を迎えた。だが、戦略的目標を見逃したと批判されたことも作用したのか、戦後は、米占領当局による調査に応じたのを除けば、おのが戦争について口を緘したままであった。けれども、『サンデー毎日』昭和四十九（一九七四）年八月十八日号の「戦争と平和の30年　猛将たちはどう生きてきた」と題するグラビア記事で、「あなたが戦ってきた太平洋戦争で一番印象に残ったことは」という質問に、このように答えている。

「戦いというものは、勝ってしかるのちに戦いに臨めといわれます。第八艦隊初代司令長官として、ソロモン海戦で戦史に残るパーフェクトゲームで完勝しました」。

なるほど、三川にしてみれば、上層部からはっきりとした指示も与えられず、詳細な敵情も入ってこない状態でベストをつくし、主敵であると叩き込まれてきた軍艦に対し、一方的な勝利を上げた、何を卑下する必要があるか、というのが正直なところであったろう。

もっとも、つぎの「戦後30年たったいま、あなたが感じておられることは」との質問に対する三川の答えのほうが、第一次ソロモン海戦における彼の決断を検討する上で大きなヒントになるように筆者には思われる。

「職業軍人だから自分は戦死して当然ですが、非戦闘員や若い兵士を死なせたのを思うと、今も胸がいたみます」。

註

（1） Samuel Eliot Morison, *History of United States Naval Operations in World War II*, 15 vols., Boston, MA., 1947-1962. 第三巻と第四巻のみ、サミュエル・エリオット・モリソン『太平洋戦争アメリカ海軍作戦史第一・二巻　太平洋の旭日　1931年〜1942年4月』ならびに『太平洋戦争アメリカ海軍作戦史第三・四巻　珊瑚海・ミッドウェー島・潜水艦各作戦　1942年5月〜1942年8月』として、それぞれ上下巻に分割したかたちで、合せて四巻が一九五〇年から五一年にかけて改造社より邦訳刊行された。すべて中野五郎訳。

（2） モリソンは、一九五一年に米海軍を退役したが、その際、少将に進級した。

（3） もっとも、ツラギ＝ガダルカナル海面で水上戦闘が生起したことを知った空母「ワスプ」艦長フォレスト・P・シャーマン大佐は、当該海面に向けて急行し、航空隊を発進させて、日本艦隊追撃と上陸船団の航空支援を行うべきだと、所属する第六一任務部隊の次席指揮官リー・ノイス少将に意見具申している。だが、ノイスはシャーマンの進言を却下し、第六一任務部隊司令官フランク・J・フレッチャー中将に伝達しなかった。「ワスプ」の航空隊は夜間作戦の訓練も受けており、それが攻撃すれば、三川艦隊に相当の被害を与えたものと思われる（HUSNO, Vol. V）。第一次ソロモン海戦のイフをいうなら、この点も考慮に入れなければフェアではあるまい。

第三章
「これだから、海戦はやめられないのさ」
神重徳少将（日本海軍）

「神がかり」参謀

軍人の評価をする際に、戦争を指導する戦略レベル、戦争目的を具体的に達成するための作戦レベル、作戦遂行中に生じる戦闘に勝つ方策を定める戦術レベルの三次元、いわゆる「戦争の諸階層」のそれぞれにおいて観察・分析する必要がある。欧米の戦史・軍事史研究では常識に属することだ。

その視点からみれば、海軍軍人神重徳（かみしげのり）の戦略次元における評価は必ずしも高いものではなかろう。神は、中央にいた時代には、日本の命取りとなったドイツへの接近を推進し、戦争後半には敵の航空優勢を冒しての水上艦艇による強襲という、ほとんど成功の見込みのない計画をしばしば立案した。彼がファナティックな激情家であったことと相俟（あいま）って、海軍内部で「神さん神がかり」と陰口を叩かれたというのもむべなるかな。

ところが、戦術能力となると、神の評価ははね上がる。戦闘のリスクを計算した上でなおかつ断行する積極性は、太平洋戦争における日本海軍の指揮官には珍しいものであった。戦場における勘の鋭さ、艦船（フネ）の駆け引きや統率も群を抜いていたようで、かつての部下たちのなかには「名艦長」と称賛する者もいる。軍令部第一（作戦）部員、海上護衛参謀などを務め、戦後は太平洋戦争史の研究に従事した大井篤（おおいあつし）大佐は、歯（は）に衣着（きぬき）せぬ月旦評（げったんひょう）で知られた人物であるが、その点の辛い大井でさえも、「何かこう、目標があるとバーッとこうつく、あの心理学でいうと外向的直観型」であるとし（戸高一成編『[証言録]海軍反省会』、第九巻）、「第一線にやったら本当にえらい人だと思いますよ」と、神を評した（同第一〇巻）。

このような、戦略的には及第点を与えられないが、戦術次元では有能さを発揮するといったタイプの指揮官は、太平洋戦争の日本陸海軍には少なくない。そうした現象が発生する背景には、後述する「指揮統帥文化（コマンド・カルチャー）」の問題があるかと筆者には思われる。本稿では、この視座を念頭に置きながら、神重徳の事例を検討していくこととしたい。

受験に弱い秀才

鹿児島県出水（いずみ）郡高尾野（たかおの）村に酒造業を営む一族があった。諏訪（すわ）神社の宮司（ぐうじ）を祖とすると伝えられ、古くより郷士として、この地に定住した神家である。同家が興した「神酒造合名会社」が製造する米・芋焼酎は県内で多く愛飲され、大正年間には年産二千五百石を醸造していた。ちなみに同社は「神酒造株式会社」に改組され、現在でも営業している（秦郁彦『昭和史の軍人たち』／「神酒造株式会社」HP、二〇二二年十一月二十六日閲覧）。

明治三十三（一九〇〇）年一月二十三日、神家は男子を授かった。しかし、この、重徳と名付けられ、跡取りとなるはずだった長男は、酒造りとはまったく異なる人生を歩むことになる。神焼酎の基礎を築いたとされる働き者の祖母タケに育てられた重徳は、川内中学（旧制）の入試に失敗し、一浪の身となったものの、二度目の受験には首尾良く合格、高等科一年に入学した（神重隆「海軍参謀　神重徳の憶い出」）。

神重徳（1900-1945）

神が海軍士官をめざすようになったのは、この川内中学時代だったといわれる。同級生の鮫島素直（のち海軍士官として、連合艦隊参謀、軍令部通信課長などに補せられた。最終階級は大佐）に刺激を受けて、自分も海軍兵学校を志望したのだ。もっとも、大正六（一九一七）年に中学四年修了で海兵を受験した神は、不合格の憂き目に遭っている。同年十月の補欠試験に合格して、二か月遅れでようやく海軍兵学校四八期生として入学を許されたのである。自他ともに秀才と認める少年としては、あまり芳しいスタートとはいえなかった。

ただし、入学後の神重徳は持ち前の頭脳の冴えを発揮し、大正八（一九一九）年には成績優等章を授与されている。大正九（一九二〇）年に百七十一名中十番の成績で海軍兵学校を卒業、翌年に少尉に任官している。海軍でいう「鉄砲屋」、つまり砲術科を選び、青年士官としての道を進んだ。スポーツマンとして知られ、昭和三（一九二八）年に兵学校教官に任じられたときには、銃剣術、体操、相撲、水泳を教えた。弓道や馬術にも秀で、剣道は神道無念流免許皆伝（前掲神重隆手記）。

さりながら、神には入試のたぐいが苦手という弱点があったらしい。すでに触れたように、川内中学、海兵と最初の受験はいずれも落とされたが、高級軍人への登竜門である海軍大学校には二度も不合格と判定されたのである。海軍の規定で、三回不合格になると、海軍大学校の受験資格がなくなってしまう。神も進退きわまったかたちとなり、今度失敗したら、海軍を辞めて焼酎屋のオヤジに戻ると洩らしていたという。

しかし、神重徳が家業を継ぐ日は来なかった。昭和六（一九三一）年、三度目の受験に合格し、海軍大学校に入った神は、文武ともに秀でた逸材として注目を集め、昭和八（一九三三）年五月、同期（甲種三一期）二十四名中のトップで卒業、恩賜の長剣を授与されたのである。

神はこの時期肺病にかかっていたため無理が利かず、勉強にもブレーキがかかっていたにもかかわらず、首席卒業となったというので、おおいに喜んだ。神は「この時、べれんべれんに酔っぱらって帰って来た」が、それ以降は一度もそのようなことはなかったと、夫人が伝えている（前掲神重隆手記）。

ドイツ傾倒

昭和八年、神重徳は戦艦「霧島（きりしま）」の副砲長を経たのちに、ドイツ駐在を命じられた。およそ一年、南ドイツのミュンヘンで勤務した神は、昭和十（一九三五）年に駐独海軍武官補佐官に任ぜられ、ベルリンに移っている。神の生涯に、おそらくは大きな影響を与えた配置とタイミングであった。というのは、ミュンヘンはナチス党発祥の地であり、ベルリンはいうまでもなく新興ドイツの首都である。そして、昭和八年とは、まさしくヒトラーが政権を掌握した年であったからだ。

神は、たちまち上昇期のナチス・ドイツの勢いに魅了された。前出の鮫島素直はミュンヘンに神を訪ねた際、熱烈なヒトラー礼賛を聞かされたと、戦後に回想している（前掲『昭和史の軍人たち』）。

昭和十一（一九三六）年、帰国した神は海軍省軍務局第一課に配属されたが、そのドイツ熱は止まず、昭和十三（一九三八）年に「防共協定強化交渉」、つまり独伊との軍事同盟締結に向けた交渉がはじまると、強硬な推進派となった。とはいえ、神の直接の上司である軍務局長は、海軍大臣米内光政大将、海軍次官山本五十六中将とともに独伊への接近に徹頭徹尾反対した井上成美少将であった。「三角定規」とあだ名された論理の人である井上には、さしもの神も歯が立たなかったらしい。井上が遺した「思い出の記　続編」（井上成美伝記刊行会編『井上成美』所収）から引用しよう。

「当時の第一課長は岡敬純（大佐）、主務局員は神中佐、何れも枢軸論者の急先鋒で、既に軍務局内で課長以下と局長と意見が反対なのだから、誠に仕事がやりにくい。ある時、外務省から照会して来た問題（内容は忘れた）に対する回答の件につき、神君が直接局長室へ来て、『私はあんな事を外務省に言いに行くことなんか出来ません』と言って来た。そこで私は静かに、『君は軍務局の何だったかな』と言うと、神君は、『局員であります』と答える。私は、『私は局長だよ、局長は局員を指図出来るんだよ。君が局長の指図に従わないと言うなら、私は君を、局長の指図に従う人と替えるよ』と言うと、神君神妙になり、『外務省に行きます』」。

こうして頭を抑えられていることをくやしがった神は、「局長は椅子に座っていて、こっちは立ってて議論するんだから、どうしても議論に負けるんだ」とぼやいたが、これも、つぎに井上に報告した際に、海軍大学校時代にはそちらが座っていて、自分は教壇に立っていたが（当時の井上は海軍大学校の教官だった）、いつも君が議論に負けていたではないか、今日は私が立って、そちらが座るかと切り返され、屈したという。

けれども、このような神の枢軸熱は、昭和十四（一九三九）年にドイツがソ連と不可侵条約を結んだことにより、防共協定強化交渉が挫折してからも冷めることはなかった。むしろ、同年九月にドイツがイギリスとフランスを敵とする戦争に突入したことにより、いっそう高まったといえる。英仏がヨーロッパの戦争に拘束されていることは、両国が極東に有する植民地を奪取する好機をもたらしたと思われたからだ。

ところが、昭和十四年より軍令部第一部第一（作戦）課に配されていた神重徳は、日独伊三国同盟の締結が、中立国ではあるものの公然とイギリスの後ろ盾になっていたアメリカとの戦争につながることを認識し、ブレーキをかける側にまわっていたようである。同じく軍令部第一課にいた三代辰吉（戦後「一就」と改名）中佐は、旧海軍士官の研究会「海軍反省会」で、自分が神の意見を変えさせたのだと何度も主張している。一つだけ、その発言を引いておく。「あれ〔神〕ドイツ贔屓ですから、ドイツに行ったりしておって、それだから非常に三国同盟だとか、〔中略〕力を入れとったわけですよ。それを今度は軍令部に来たときに私が、こんな状況じゃ戦争になったらできやせん、と言っていったもんだから、それがだんだんしみてきて、やっぱり同じになってきて、〔三国同盟締結に〕反対するようになったですよ」（前掲『海軍反省会』、第六巻）。

仮に三代の証言を信じるならば、神重徳は、対米戦争に直結するドイツへの接近という戦略的判断のミスを修正していたことになるけれども、もはや遅かった。昭和十五（一九四〇）年、日独伊三国同盟条約がベルリンで調印され、日本は対米開戦に突き進んでいく。神もまた作戦計画立案に邁進したが、巨人アメリカ相手の戦争に対する不安はぬぐえなかったらしい。

この時期の彼について、神家にはこういうエピソードが伝わっている。

「昭和十六〔一九四一〕年始め頃であったか、第一課で日米に分れ、兵棋演習〔シミュレーション・ウォーゲーミングのこと。ルビは原文ママ〕を行った。父がアメリカ側となり戦ったところ、日本海軍は大敗し、日本本土が占領されてしまった。これは本人にとっても大変ショックであったらしく、悩んでいたようである」（前掲神重隆手記）。

また、昭和十六年十月末に、軍令部を訪ねてきた海軍兵学校同期の鮫島に、「相当不利な条件であっても、これを忍んで戦争は避けた方が良くはなかろうか、と思いはじめたのだ」と、繰り返し苦衷を訴えたとも伝えられている（前掲『昭和史の軍人たち』）。

強気の作戦指導

もっとも戦略次元での動揺はあったにせよ、神重徳は作戦次元においては強気の姿勢をくずさなかった。軍令部で商船の運用を担当していた西川亨中佐は、兵棋演習で船舶の喪失を予測しようとしたところ、神が介入してきて、サイコロを振って被害判定をする際の基準を日本側に都合のいいように変えてしまったと、海軍兵学校同期（五一期）の大井篤に語っている。西川は神に抗議したものの、「俺の言う通りやれ」と押し切られたという。「それで、〔大井が〕

西川に、なぜ、貴様、頑張らなかったのかと言ったら、神さんなんかにそんな事を言ったらぶん殴られるよと言っておったよ」（前掲『海軍反省会』、第二巻）。激情家の面目躍如といえるエピソードではある。

また、奇兵を用いることを好むその作戦上の癖も、大本営海軍部参謀時代にすでに顕れていた。当時、海軍省兵備局長だった保科善四郎少将は、真珠湾攻撃の成功後、神重徳が連合艦隊の総力を挙げてパナマ運河を叩く作戦を考えているがどうだろうかと、兵備局に意見を聞きに来たと証言している。保科は、補給はどうする、内南洋のマーシャル群島に物資を運ぶにも四十八日もかかるのだと指摘した。保科の結論は、「パナマ運河に連合艦隊を全力をあげてって、補給を考えない計画だから、絶対そういうことはできない」というものだった（前掲『海軍反省会』、第六巻）。

かくのごとく神の積極性は、ときに暴虎馮河の勇におちいることがあった。とはいえ、その性向がおおいにプラスにはたらいたのは、やはり昭和十七（一九四二）年の第一次ソロモン海戦であったろう。その詳細と同海戦をめぐる議論については、第二章で取り上げたから、ここでは繰り返さないが、三川軍一中将率いる新編の第八艦隊は、ガダルカナル上陸作戦の掩護にあたっていた連合軍水上艦艇に大打撃を与えたのだ。この作戦を立案したのが、昭和十七年七月に第八艦隊首席参謀に転じた（前年に大佐に進級）神であったといわれる。

米軍ガダルカナル来寇の報を受けた神は、米軍機の空襲を避けるタイミングで敵上陸船団の泊地に接近し、所在の艦船に夜襲をかけるとの作戦計画を練った。第八艦隊の旗艦、重巡洋艦「鳥海(ちょうかい)」の砲術長だった仲繁雄(なかしげお)少佐は、出撃前の神参謀とのやり取りについて、戦後このように語っている。

「まあ先任参謀〔神〕、あなたの話を聞いていると、まるで私のタマは百発百中で、相手のタマは一発も当らんという想定の下につくられた計画じゃないですか。五、六十パイもある敵を端から沈めるというても、相手もどんどん撃ってくるでしょうに、と言ったらね、『うんにゃ、それが奇襲の奇襲たるところではないか。かならず成功する、危ぶむな。桶狭間(おけはざま)をみろ、桶狭間を』と言われたです」（亀井宏『ガダルカナル戦記』、第一巻）。

神重徳の「桶狭間」は、織田信長のそれ同様に成功した。三川軍一中将を司令長官とする第八艦隊は、自らはほとんど被害を受けずに、連合軍の重巡洋艦四隻を撃沈、重巡洋艦・駆逐艦計三隻を大中破させたのである。

さりながら、今日までも議論の的になっている、残った敵輸送船団に手をつけずに引き揚げるという決断についても、神は大きく関わっていた。先に引いた談話とは別の、仲「鳥海」砲術長による手記をみよう。護衛を失った輸送船団を撃滅するため、敵泊地に取って返すべきだと意見具申した「鳥海」艦長早川幹夫(はやかわみきお)大佐に対し、神はつぎのように反論したという。「いや、このたびはこれでひきあげた方がよい。ガ〔ダルカナル〕島の南に敵の空母と戦艦がいる。夜が明けたら、空母から攻撃をかけられることは必至だ。夜明けまでに、空母から三百カイリは離れていなければならない」（仲繁雄「第八艦隊の殴り込み『鳥海』砲術長の手記」）。

この問題については、第二章でも取り上げたが、空母航空隊の攻撃を受ける恐れなどなかった、空襲を危惧するなど杞憂にすぎなかったとする批判はいわゆる後知恵でしかないと、筆者は考えている。たしかに、米機動部隊は日本側の基地航空隊の攻撃にたまりかね、輸送船団掩護を放棄して避退していたが、神重徳を含む当時の第八艦隊司令部には、その事実を知るよしはなかった。ゆえに神は、輸送船団攻撃による戦果拡張のメリットと、空襲で大損害を受けるリスクを天秤にかけ、後者を回避するべきだと判断した。それを批判することはできないだろう。

いずれにせよ、大勝を得た神は意気軒昂であった。海軍報道班員として「鳥海」に乗艦していた作家丹羽文雄は、その発言を記録している。「しかし、勝つ自信はあったよ。自信はあったが、こんなに戦果をあげることは、思いがけなかった。自分らのやられる三倍はやれる自信はあったが、味方は一隻も失ってないのだ。こんな殴りこみは世界戦史に最初だ。しかも水上艦隊で堂々と殴りこみをかけたなんて……」と述懐した神は、凄みのある言葉を洩らした。「これだから、海戦はやめられないのさ」（丹羽文雄『海戦』）。

勝負勘を示す

しかし、この第八艦隊参謀時代に、神重徳は早くも、作戦を偏重し、将兵の命を顧みない性向の片鱗をみせている。昭和十八（一九四三）年三月、ガダルカナル撤退以降の戦局を挽回するため、第八艦隊は、ニューギニア方面へ陸軍の第五一師団を輸送する「八十一号」作戦実施を命じられた。だが、彼我の航空戦力の懸隔を考えれば、空からの輸送船団掩護はおぼつかない。直接船団の護衛にあたる第三水雷戦隊の参謀半田仁貴知少佐は、成算が立たぬものと判断、八十一号作戦の計画担当者であった神に、「この作戦〔に参加する輸送船〕は敵航空兵力によって全滅されるであろうからやめたらどうか」と意見具申した。答えはにべもないものだった。「命令だから全滅覚悟でやってもらいたい」（『戦史叢書　南東方面海軍作戦〈3〉』）。

半田が危惧したように、八十一号作戦は失敗し、日本側は、駆逐艦四隻、陸軍輸送船七隻、海軍運送艦一隻を失った。

けれども、神は責任を問われることもなく、昭和十八年六月に、その戦術的能力をよりいっそう発揮することができる配置についた。軽巡洋艦「多摩」艦長に補せられたのである。着任式での挨拶の言葉は、「多摩艦長海軍大佐神重徳ただいまより『多摩』の指揮を採る」だけだったという（越口敏男「巡洋艦『多摩』神重徳　キスカ撤退　艦上の一言」）。以下、この、当時少佐で「多摩」航海長だった越口（のち堀之内）敏男の手記にしたがい、神の指揮ぶりを示すエピソードを挙げる。

艦船勤務はとかく運動不足になりがちだから、体力維持をおこたってはならぬというのが持論だった神は、「航海中でも、『ちょっと歩いて来る』とか『弓を引いて来る』と言っては艦橋

軽巡洋艦「多摩」の艦長としてキスカ撤退を成功に導く

を降りて一汗かくといった熱心さで、警戒航行中でもお構いなしである。『肚の太い艦長だナア』としみじみ思った。艦長が艦橋を降りて行かれると、艦橋にいる者は、かえって警戒心旺盛に緊張感が沸くのであった」。

また、「多摩」が内地と南方を往復しての陸兵・兵器弾薬輸送に従事したとき、トラック島を出て横須賀に向かう際、越口が航海計画について神に進言したことがある。

「『原則として夜間は高速で直進して敵潜の前程進出をふるい落し、昼間は見張能力を期待できるので、少々速力をおとして之〔原文ママ、「之」とも〕字運動〔ジグザグ航行〕を行うことでいかがでしょう』。当時としては常時之字運動を行いつつ、夜間は少々速力をおとすのが慣行であった。『よし、その手でいこう』と即決された。決断の早いこと、鮮かであった」。おかげで、横須賀帰着は予定よりも早まったという。

こうした艦長神重徳の能力が遺憾なく生かされたのは、やはりキスカ撤退「ケ」号作戦であったろう。昭和十七年六月の占領以来、アリューシャン列島のアッツ・キスカは日本軍の支配下にあった。ところが、米軍の本格的反攻の一環として、十八年五月にアッツ島が攻撃され、同地の守備隊は玉砕してしまう。しかし、その東方に位置するキスカ島にはなお六千名ほどの守備隊が残されている。

　これを無事に撤収させるのが「ケ」号作戦の目的であったが、実行にあたっては大きな困難があった。キスカに達するまでには、相当長期間にわたる昼間航行を要し、米軍航空隊に発見・攻撃される危険が大きい。もっとも、その周辺海域にはしばしば濃霧が発生するから、それがカバーになってくれることが期待されたけれど、過度の悪天候は航海に支障を来(きた)す。また、米艦隊が厳重に警戒しているのはいうまでもない。事実、五月末から六月までの潜水艦を使った撤収の試みはわずかな成果しか上げられぬままに終わり、七月前半に実行された水上艦艇による救出作戦も、霧がなく、米軍の空襲が懸念(けねん)されたため、途中で引き返すことになった。

　ここにおいて、「ケ」号作戦を担当する北方部隊の基幹兵力となる第五艦隊司令長官河瀬四郎(かわせしろう)中将は「多摩」を臨時旗艦として、自ら救出作戦に同行することを決意した。七月二十二日、幌筵(ほろむしろ)を出撃した救出部隊は濃霧のなかをキスカに向かって進む。同二十八日、救出部隊は、前回の作戦同様の難しい局面を迎えた。キスカ海面突入時にもなお霧の陰に隠れられるかどうか、予測が立たないのだ。河瀬長官は迷いに迷った。このとき、第五艦隊通信参謀橋本重房(はしもとしげふさ)中佐の「必ず霧になる」との進言を容れ、神は突入敢行を主張した。旗艦の艦長は、艦隊参謀長の命を受け、幕僚補佐として勤務すべしとの規定がある。それを利用して、「長官！　いい加減に肚を決められないと二進も三進もいかなくなりますよ」と河瀬の背中を押した（前掲越口手記／『戦史叢書　北東方面海軍作戦』／阿川弘之『私記キスカ撤退』）。

結果はよく知られている通りである。救出部隊はまったく損害を出すことなく、キスカ島守備隊を救いだした。「ケ」号は、「奇跡の作戦」として後世に伝えられるほどの成功を収めたのだ。

滅びに向かう作戦

もし、このまま神重徳が前線で戦いつづけていたなら、ドイツとの同盟推進のごとき戦略的失敗は冒したものの、優れた闘将であったというような評価を得られたかもしれない。だが、昭和十八年十二月、神は中央に戻された。新しいポストは海軍省教育局第一課長、上司は終戦工作に従事したことで知られる高木惣吉少将である。神もまた高木のもとで、東條英機大将の内閣を倒すべく、奔走することになった。その動きは、昭和十九（一九四四）年六月ごろには、東條暗殺計画を準備するところにまで至ったといわれる。

しかし、軍人としての神の評価に疑問を投げかけたのは、そのあとの言動であろう。犠牲覚悟で水上艦艇の「殴り込み」をかけて勝利を得た成功体験が忘れられなかったのか、あるいは大艦巨砲主義者の戦艦への固執ゆえであったか、それはわからない。しかし、神重徳は、航空機の威力が証明されたのち、補助戦力に転落した戦艦を活用すべしと主張し、成算乏しく犠牲ばかりが大きくなるであろう作戦を、つぎつぎと立案していくのである。

　最初の兆候は、昭和十九年六月の米軍サイパン上陸に対する反応であった。サイパン上陸部隊を支援する米機動部隊との戦闘に敗れ（マリアナ沖海戦）、同島維持の見込みはなくなっていたにもかかわらず、統帥部は増援・奪回の方針を定めていた。そのなかにあって神は、「私を山城（戦艦）艦長にして欲しい。私は山城を指揮し、サイパン島に進出、海上より陸戦を援けて米軍を撃破したい」と、軍令部第一部長中澤佑少将に申し出たのである。中澤の答えは「制空、制海権を失った今日、山城がサイパン島に進出することは不可能である。見す見す山城の将士を失う結果となるから、君の意見に同意をすることはできない」というものであった（中澤佑刊行会編『海軍中将中澤佑』）。

　昭和十九（一九四四）年七月、連合艦隊先任参謀に転じた神重徳は、昔日の力をなくした空母機動部隊をおとりとして米艦隊をひきつけ、その隙に水上部隊を敵上陸船団に突っ込ませて、これを撃滅するという作戦を立案する。この「捷」号作戦に関しては、高い評価から全否定にいたるまで、さまざまな議論があり、その詳細を述べるのは別の機会に譲ることとしたいが、神が計画策定に演じた役割について、当時連合艦隊の参謀副長だった高田利種大佐の戦後の回想を引く。

　「〔……〕これも高田利種が初めて口を割ります。私が参謀副長になりまして、神大佐が先任参謀になりました。神大佐が熱心に作戦計画を立て、参謀長、長官、軍令部と回りました。そうして、小澤〔治三郎中将、空母を基幹兵力とする第一機動艦隊司令長官〕艦隊をおとり艦隊に使う、栗田〔健男中将、戦艦主体の第一遊撃部隊指揮官〕艦隊はレイテに突入すると、計画を作りました。参謀副長、一言も相談も受けません、意見も申しません。ただ、命令のできあがるいきさつは見ておりました」（前掲『海軍反省会』、第四巻）。

　神重徳の奔走ぶりがうかがわれる回想ではある。もっとも、「一言も相談も受けません、意見も申しません」との発言は、参謀副長の職務からすれば考えにくいことで、おそらくは敗北の責任を死せる神に押しつける意図があったものと思われる。というのは、「捷」号作戦発動によって生起した昭和十九年十月のレイテ沖海戦は日本側の惨敗に終わり、連合艦隊は事実上潰滅したからである。

　しかし、神は、戦艦「大和」以下の残存水上艦艇を使った「殴り込み」をあきらめようとはしなかった。昭和二十（一九四五）年、神は、沖縄に来寇した米軍に対する水上艦艇の特攻を呼号した。高田利種の別の回想を引く。

「神参謀としては、成功の算は五分五分だ。成功率は絶無じゃあない。戦さというものは、成功不成功が五分五分でやるものではないか。成功の算が五分あるものをやらないということは、戦さのやり方に背くじゃあないか」。

「沖縄のあの浅瀬に大和がノシ上げて、一八吋砲〔主砲の四十六センチ砲〕を一発でも射ってごらんなさい。日本軍の士気は上がり、米国軍の士気は落ちる。どうしてもやらなくてはいかん。もしこれをやらないで、大和がどこかの軍港で繋留されたまま野たれ死にしたら――。非常な税金を使って（当時の金で一隻の建造費一億三千万円程度）、世界無敵の戦艦、大和、武蔵を作った。無敵だ無敵だと宣伝した。それをなんだ、無用の長物だと言われるぞ。そうしたら今後の日本は成り立たないじゃあないですか、という事を僕〔高田〕にさかんに言う」（吉田満／原勝洋『ドキュメント戦艦大和』）。

かくのごとく、神の主張は実効性よりも精神論に傾斜したものとなっていた。にもかかわらず、その議論は海軍を動かし、「大和」を基幹兵力とする第二艦隊は、昭和二十年四月、沖縄へ出撃した。彼らがいかなる運命をたどったかは、あらためて述べるまでもあるまい。

参謀神重徳は、戦略的には無意味に近い、滅びに向かう作戦を立案しつづけたのである。

日本陸海軍の「コマンド・カルチャー」か？

昭和二十年六月、神重徳は第一〇航空艦隊参謀長に転出、その配置にあって敗戦を迎えた。同年九月十四日、隷下（れいか）部隊との連絡のため、神は北海道に出張した。翌朝、千歳飛行場からの帰路で、乗機がエンジン不調となり、青森県三沢沖で不時着水することになる。神は同乗者ともども、海岸に向かって泳ぎだす。だが、途中、神の姿は消え、他の者たちが付近にいた米駆逐艦に救助されたのちも発見されることはなかった。神は水泳も達者だったから、米艦による救助を嫌って、一種の自決をとげたのではないかと取り沙汰されたが、当時千歳で出発する一行を見送った武藤誠（旧制七高卒の海軍予備学生で、当時搭乗員として勤務していた）は、神は非常に疲れていたものの快活に話をしており、とても自殺とは考えられぬ、過労による水死と思われるとの見解を示している（前掲神重隆手記）。

いずれにせよ、真相を知るすべはもはやないけれども、公式には神は殉職したものとみなされ、少将に進級した。

ドイツの歴史家イエルク・ムートは、二〇世紀初めから第二次世界大戦の終わりまでの米独陸軍の将校教育を比較した研究書『コマンド・カルチャー』を著し、興味深い結論をみちびいている。ドイツ陸軍は、戦争にこそ敗れたけれども、作戦・戦術次元では最後まで米陸軍を圧倒していた。その秘密は、将校に高度の知的能力を求めるとともに、大幅な権限の下方移譲を行い、現場の指揮官たちに自主独立の柔軟な指揮を許したドイツの「コマンド・カルチャー」にあったという。これに対して、米陸軍は戦略次元では優越していたものの、作戦・戦術的には、煩雑なほどに詳細な指示・命令で下級指揮官を縛り、教範通りの行動しか認めなかったため、硬直した指揮におちいったというのである（イエルク・ムート『コマンド・カルチャー』）。

太平洋戦争の日本陸海軍も、米陸軍のそれに似た陥穽に落ちていたといえるかもしれない。よく知られているように、海軍兵学校・海軍大学校や陸軍士官学校・陸軍大学校の教育は、作戦・戦術次元の知識を偏重し、敢えていうならステレオタイプの解答を叩き込んだ。そうして形成された日本軍の指揮官は、戦闘の「公式」が通用する範囲、すなわち艦長や連隊長・大隊長レベルでは有能たり得た。しかし、より創造性と柔軟な思考を必要とする戦略・戦争指導の責任を負うや、愚行に向かうということがしばしばあったのだ。むろん、彼らの個人的な資質の問題もあっただろう。けれども、かかる日本軍のコマンド・カルチャーも深刻な影響をおよぼしていたのではないだろうか。

戦術次元では顕著な働きを示しながら、戦略次元では、ついに滅びに向かう判断しかできなかった神重徳の矛盾は、そこに起因すると思われる。

この日本軍のコマンド・カルチャーについては、本書終章で少考を加えることにしたい。

第四章
「日本兵はもはや超人とは思われなかった」
アリグザンダー・A・ヴァンデグリフト大将（アメリカ合衆国海兵隊）

日本軍伝説を粉砕した男

一九四二年なかば、アメリカ軍将兵の日本兵に対する恐怖感は頂点に達していた。それも無理のないことで、前年十二月八日の開戦以来、米軍は陸海空のすべてにおいて、日本軍に完膚（かんぷ）なきまでに叩きのめされてきたのである。海では、真珠湾奇襲により米太平洋艦隊の基幹となっていた戦艦部隊が撃滅された。空では、技術的に優っているはずの米軍戦闘機が零戦や隼に圧倒され、航空戦力の一大消耗をこうむる。陸では、グアム、ウェーク で連戦連敗の屈辱を味わい、四二年四月にはフィリピンのバターン半島で米陸軍史上空前の規模の降伏さえ生じた。かかる苦境に立たされ、米軍将兵一般の日本兵に対する畏怖（いふ）は高まるばかりであった。日本兵はジャングル戦の訓練を受けたスーパーマンの集団で、葦の茎で空気を吸いながら水中を潜行してくるし、裸足か、ゴム底の足袋で音を立てずに忍びよってくる。アメリカ兵には耐えられない過酷な環境でも、恐るべき戦闘力を発揮する……。

八月七日、米軍反攻の先鋒としてガダルカナル島に上陸した精鋭第一海兵師団の将兵たちも例外ではなかった。戦時特派員として海兵隊とともにこの作戦に従軍したジャーナリスト、リチャード・トレガスキスのルポ『ガダルカナル日記』には、日本兵は戦死者に偽装して不意打ちをかけてくるとの噂が流れていたことが書かれている。荒くれぞろいの評判を取っている海兵隊員といえども、日本兵に怖じ気だっていたといっても過言ではあるまい。

しかし、およそ半月ののち、海兵隊員たちの日本軍観は一変していた。日本兵は自分たちと同じ人間で、超自然的な怪物などではない。戦士としても卓越しているわけではなく、それどころか、好んで愚行に出るような連中だ。

かくのごとき百八十度の認識転換を可能としたのは、最初の日本軍反撃に対する防衛戦の指揮を執った第一海兵師団長アリグザンダー・ヴァンデグリフト少将であった。彼は、ガダルカナルにおいて大勝を上げ、同時に日本軍伝説を粉砕したのである。

海兵隊文化

ヴァンデグリフトは一八八七年三月十三日に、ヴァージニア州シャーロッツヴィルで、建築請負業に従事していた父ウィリアムと母サラ・アグネスのあいだに生まれた。父方のヴァンデグリフト家は一七七〇年代にアメリカに渡ってきたオランダ人の家系で、母方のアーチャー家は一六六八年にイングランドより移住してきた一族だったという。アリグザンダーと名付けられたアーチャー・ヴァンデグリフト家の坊やは、成長するとともに、南北戦争に従軍した祖父カーソンの影響を受けて、軍事に関心を持つようになり、戦記小説を読みふけった。

それがあってか、高校を卒業したヴァンデグリフトは軍人を志し、陸軍士官学校(ウェスト・ポイント)を受験したが、学科試験には合格したものの、身体検査で落ちてしまった。かねて息子を士官学校その他の軍学校にやることを望んでいなかった母に説得され、ひとまずヴァージニア大学に進む。しかし、二年間の学生生活ののち、再び陸軍士官学校への入学を試みると、またしても障害にぶつかることになった。ウェスト・ポイントを受験するには連邦議会の議員の推薦が必要で、ヴァンデグリフト家と親しかった上院議員にそれを頼んだところ、近々には陸士の入学試験は予定されていないと答えが返ってきたのである。

アリグザンダー・A・ヴァンデグリフト
(1887-1973)

けれども、その上院議員は、海兵隊士官の候補者を二名推薦するように頼まれているから、そちらなら世話できるとも述べた。ヴァンデグリフトは、海兵隊については何も知らなかったが、これをチャンスと考え、受験を決めた。第二次世界大戦以降のその偉大な功績を考えれば、米海兵隊にとっては幸運な偶然だったといえよう。彼は、五百名の受験者中合格者五十七名という難関を突破し、一九〇九年一月二十二日に海兵隊少尉に任官した。

サウス・カロライナ州ポート・ロイヤルの海兵隊士官学校で教育され、ニュー・ハンプシャー州ポーツマスの兵営で服務したのち、ヴァンデグリフト少尉は一九一二年から一九二三年にかけて、カリブ海におけるさまざまな軍事行動に従事、一九二〇年には少佐となった。一九二三年、合衆国に戻ってきたヴァンデグリフトは、海兵隊士官学校の野戦将校教程に入り、一九二六年に卒業している。その後は、カリフォルニア州サン・ディエゴの海兵隊基地に配属され、参謀副長に就任した。高級将校の仲間入りである。

以後、ヴァンデグリフトは、天津（てんしん）駐在海兵隊の作戦・訓練担当将校、ワシントンの主計局、艦隊海兵隊作戦部参謀副長、北平（ほくへい）（現北京（ペキン））駐在アメリカ大使館付海兵隊、海兵隊総司令部などの勤務を経て、海兵隊の将来を背負う人材と目されるようになった。階級は、一九三四年に中佐、三六年には大佐と、順調に進んでいる。一九四〇年には准将に進級、将官となった。

こうして彼の前半生を概観してみると、まさに海兵隊が敵地に真っ先に上陸して困難な戦闘を行うことを任務とする方向に組織として変革しつつあった時期に、指揮官としての教育・訓練を受けていることがわかる。よく知られているように、米海兵隊は艦上の憲兵兼陸戦隊のような役割から出発して、独立した軍種（陸海空軍など、軍隊の種類区分）となったわけだが、二〇世紀に入ってからは、そんな組織は不要になったとの批判を受け、廃止論にさらされてきた。にもかかわらず、軍事組織としての独自性を訴えることで、おのが存在意義を主張してきたのである。そのなかで、合衆国のありあまるリソースをいかにマネージするかに重きを置く陸海軍とは異なる、海兵隊の指揮統率のあり方が醸成されてきた。「殴り込み」部隊として、しばしば物的・数的に不利な状況で戦うことを余儀なくされる海兵隊ならではのコマンド・カルチャーが生まれたのだ（野中郁次郎『アメリカ海兵隊』）。

そうしたコマンド・カルチャーのもとに形成された指揮官であるヴァンデグリフトは、来るべき日本軍との戦いにおいて、海兵隊ならではの作戦と戦術を示すことになる。もっとも、個人としての彼は、マッチョな暴れん坊というステレオタイプな海兵隊員像とは正反対の人格的特徴を示していた。冷静沈着、控えめで、もめごとを嫌い、協調による解決を重んじる南部紳士であるというのが、平均的なヴァンデグリフト評であろう。ヴァンデグリフト小伝を書いたジョン・T・ホフマン海兵隊大佐は、「日曜学校で教えたりもしている小さな町の実業家」と間違えられるような将軍であったとするコメントを引いている（Jon T. Hoffman, "Alexander A. Vandegrift, 1944–1948"）。

ガダルカナルへ

一九四一年十一月、新編された第一海兵師団の副師団長に補せられたヴァンデグリフトは、そのポストで日米開戦を迎えることになった。一九四二年三月には少将に進級、ついで第一海兵師団長に就任する。同年五月、ヴァンデグリフトは合衆国より出動し、パナマ運河経由で太平洋に出ると、ニュージーランドに向かった。ただし、すぐさま戦闘に投入されるとは、ヴァンデグリフトも考えていない。第一海兵師団は日米開戦後にようやく戦時編制になったばかりで、まだ大西洋方面やパナマに残っている隷下（れいか）部隊もある。そこで、ニュージーランドのキャンプに総員を集結させ、装備の充足や訓練を行うというのが、ヴァンデグリフトの考えだった。

ところが、新任師団長の目論見（もくろみ）ははずれた。ニュージーランドに到着してから半月余を経たある日、直属上官である南太平洋方面司令官ロバート・L・ゴームレー海軍中将に呼び出されたヴァンデグリフトは、ガダルカナルならびにツラギ方面への反攻作戦「望楼（ウォッチタワー）」が下令され、第一海兵師団は八月一日にそれらの目標に上陸する計画だと告げられたのだ。「とても信じられなかった」というのが、ヴァンデグリフトの感想である（Alexander A. Vandegrift, *Once A Marine*）。

無理もない。すでに触れたように、第一海兵師団の戦闘準備は万全というには程遠い。加えて、八月一日が上陸作戦発動日だとすると、あと五週間もないのだ。とうてい満足な態勢で作戦にのぞめるとは思えなかった。実は、「望楼」作戦は対日反攻の開始にあたっての主導権をめぐる米陸海軍の駆け引きの結果、短期間に立案され、実施が決まったのであるが、ゴームレーとヴァンデグリフトは、かかる拙速のしわ寄せを受けたものといえよう。

しかし、命令は命令である。ヴァンデグリフトは大わらわで作戦準備に取りかかったが、師団の集結、訓練、装備・物資の積み直しと作業は山積し、困難をきわめた。また、情報不足も頭痛の種であった。「沿岸監視員（コースト・ウォッチャーズ）」[1]のネットワークはガダルカナル方面にもはりめぐらされており、同島およびツラギ方面の日本軍兵力に関する情報を伝えてくれはしたものの、それは二千ないし一万という、ごく大まかな推定にすぎなかった。

ガダルカナルの地図についても、一八世紀の測量にもとづく古い海図しかなく、かつて同島に住んでいたことがある植民地司政官や伝道師、プランテーション経営者の情報を集めて、急ぎ作成しなければならないありさまだったのである[2]。

問題はさらに生じた。八月七日の上陸に向けて（ゴームレー、南太平洋方面水陸両用部隊司令官リッチモンド・K・ターナー海軍少将、ヴァンデグリフトが協議した上で、作戦発動延期をワシントンに意見具申し、容（い）れられた）、フィジー島南東七百五十キロの地点に進攻艦隊が集結したときのことだ。その際に開かれた作戦会議において、第六一任務部隊（空母部隊）司令官フランク・J・フレッチャー中将が、日本軍の攻撃に空母をさらすような危険は冒せないから、上陸と物資揚陸に必要な五日間のうち、掩護してやれるのは二日だけだと言いだしたのである。輸送船団とその護衛部隊を指揮するターナーの猛抗議にフレッチャーも折れ、三日目までは作戦海面に留まると約束したが、ヴァンデグリフトにしてみれば、作戦の前途に影が差したと思わざるを得ない。「不手際なリハーサルは、良いショーにつながるのが常だ」と自分を慰めるほかなかった（Vandegrift, *Once A Marine*）。

作戦・戦術の妙

一九四二年八月七日、第一海兵師団はガダルカナルならびにツラギの両島に上陸、攻撃を開始した。ツラギ方面では日本軍守備隊の激しい抵抗に遭ったものの、これを全滅せしめる。一方、ガダルカナル島のテナル川河口付近に設定された「レッド・ビーチ」に上陸した海兵隊は、日本海軍の陸上部隊（警備隊・設営隊）を撃破しつつ、完成目前だった飛行場を占領した。圧迫された日本軍残存部隊は飛行場の西側にあるマタニカウ川の背後に撤退、そこで抵抗を続けた。

しかし、第一海兵師団が演じた輝かしい一幕も、すぐに暗転することになる。日本海軍の基地航空隊の空襲に脅威を感じたフレッチャーが空母機動部隊を避退させたばかりか、輸送船団を護衛していた連合軍の巡洋艦部隊も八日から九日にかけての「第一次ソロモン海戦」（米側名称「サボ島沖海戦」）で撃滅されてしまったのである。かかる惨状に震えあがったターナーは急ぎ揚陸作業を中断させ、輸送船団を撤退させた。ヴァンデグリフトと海兵たちはガダルカナルに取り残されたかたちとなったのだ。海兵隊が想定していた、孤立無援の状態にあっても自力で任務を達成するとの組織課題が現実となって、ヴァンデグリフトに突きつけられたのである。

　そのような窮境のなか、八月十六日に、ヴァンデグリフトは、日本軍の大規模な攻勢のきざしがあるとのターナーよりの緊急電を受け取った。日本側は、一木（いちき）（「いっき」とも）清直（きよなお）大佐率いる支隊（第一梯団（ていだん）およそ九百名）を反攻に投入し、ガダルカナル島の奪回をはかろうとしていたが、その動きがキャッチされたのである。

1942年8月7日、ガダルカナルに上陸する海兵隊員

　この時点で、ヴァンデグリフトは占領した飛行場を中心に、北、東、西の三面に防御陣を布いていた。北の海岸沿いの守りがもっとも堅かったが、これは第一次ソロモン海戦の敗北で海上優勢を失ったことから、日本軍が北岸に逆上陸してくる可能性があると考えたからだった。一木大佐が当初、ガダルカナルに強襲上陸し、米軍を撃破する企図を抱いていたことを思えば、ヴァンデグリフトの懸念（けねん）も杞憂（きゆう）ではなかったといえる。また、西はマタニカウ川、東はイル川（当時、海兵隊は「アリゲーター・クリー

ク」と呼んでいた）と、自然の障害を利用した布陣となっていた。唯一、南だけが薄い警戒線を張る程度となっていたが、この方面は深いジャングルであり、日本軍がこちらから攻めてくる恐れはなかったのだ。

けれども、西のマタニカウ川の背後にいる日本海軍地上部隊の実勢は不分明であったから、ヴァンデグリフトはこれを脅威に感じ、東側に上陸した日本軍とともに米軍防御陣を挟撃されることを恐れた。事実、八月十八日には一木支隊が米軍陣地のはるか東にあるタイポ岬に上陸、西進を開始していたから、これも適切な読みだった。

八月十九日、ヴァンデグリフトのもとに決定的な情報がもたらされる。一木支隊が敵情把握のために出した将校斥候が、海兵隊の警戒部隊の待ち伏せに遭い、撃滅されたのである。これで、日本軍の新手が東から来ることがはっきりした。第一海兵師団の幕僚たちは、先手を打って東の日本軍を攻撃しようと気負い立ったが、ヴァンデグリフトは耳を貸さなかった。自分たちの受けた命令は飛行場の占領であり、それをなしとげた以上、努力すべきはその確保であるというのが、彼の論理だった。

戦略・作戦の理にかなった議論であるといわねばなるまい。なるほど、米軍は戦略的には攻撃側だ。だが、作戦的には積極策を採らず、飛行場を確保してさえいれば、航空戦力により攻勢の戦略目的は達成されるというのが現在の状況だ。ならば、飛行場を守ることに徹し、戦術次元における防御の有利（防御側には、障害物としての地形の利用、待ち伏せなど、さまざまな利点がある）を生かすべきであろう。ヴァンデグリフトはガダルカナル戦役を通じて、この方針をつらぬいたのである。

とはいえ、のちに「イル川の戦い」と呼ばれることになる一木支隊との戦闘で、ヴァンデグリフトが示したのは戦略眼だけではなかった。彼は、焦点となりつつあったイル川に罠を張った。日本軍が近づきつつあるイル川東岸は、川岸に向かってなだらかに傾斜している。これに対して、米海兵隊が陣地を築いた西岸は灌木に蔽われ、東岸よりも二メートルほど高くなっていた。しかも、陣地の背後には小高い林があるから、もし日本軍が東から攻めても、渡河の困難がある上に、より高い位置にあり、詳細もあきらかではない敵陣から見下ろされる態勢で突撃することになる。これだけでも米軍に有利であるが、ヴァンデグリフトはさらにイル川河口にある砂洲に注目していたのだった。

海兵隊の存在意義を証明する

八月二十日から二十一日に日付が変わるころ、イル川沿いの米軍陣地に遭遇した日本軍一木支隊は攻撃を実行した。ガダルカナルに上陸した米軍は二千名ほどにすぎないと聞かされていた一木大佐は、それと矛盾する将校斥候全滅という現実に直面し、動揺していたものと推測される。けれども、飛行場奪還という目的のため、米軍陣地への突撃を決意したのである。

さりながら、一木もまた歩兵戦術の大家と評価されていた人物だ。より高い場所にある陣地への渡河攻撃など自殺行為であるのはよくわかっている。ゆえに一木は、正面からの攻撃は助攻にとどめ、干潮時には陸地となるイル川河口の砂洲に主力を向けた。ここならば、渡河の危険を冒すことも、米軍に高低差を利用されることもない。

だが、それはヴァンデグリフトの思うつぼだった。砂洲が主攻正面となると確信したヴァンデグリフトは、あらかじめ自軍陣地と砂洲の距離を測定し、日本軍がそこに達したら集中砲火を浴びせられるようにしておいたのである。狭い砂洲を密集して突撃する日本兵は、自ら火網に飛び込むことになり、絶好の的になった。

結果は、戦闘というよりも、一方的な殺戮に近いものであった。一木支隊の将兵は、猛烈な射撃の前につぎつぎと斃れていく。それでも一部には、砂洲を抜けて海兵隊の陣地に突入、白兵戦に持ち込んだ者がいたという事実は、一木支隊の精鋭ぶりを示すものであったろう。しかし、日本兵の自己犠牲も、戦理をくつがえすことはできなかった。

彼ら、海兵隊陣地に突入し、死闘を演じた者たちの最期のありさまは、戦後、一木支隊の生き残りの証言を集めて編まれた戦記にも見いだすことができない。「アリゲーター〔・〕クリーク（中川）を渡って、敵陣内に突入して生還した兵士は現存しな」かったからである（菅原進『一木支隊全滅』）。

戦闘が終わったとき、日本軍の戦死者は約八百名におよんでいた。対する海兵隊の損害は百名で、うち戦死者は四十七名だったという（Vandegrift, *Once A Marine*）。

一木大佐もまた還らず。その死については、戦死説と自決説があるが、この戦闘を研究した軍事史家関口高史は前者であったとの説を採っている（関口高史『誰が一木支隊を全滅させたのか』）。

いずれにせよ、ヴァンデグリフトと海兵隊員たちは、日本軍伝説を粉砕したのであった。ヴァンデグリフト回想録の誇らしげな一節を引こう。「しかし今日、われわれは日本兵を叩きのめした。日本兵はもはや超人とは思われなかった。日本兵も物理的な存在だったのだ。軍服を着て、小銃をかつぎ、機関銃と迫撃砲を撃っては、愚かにも鉄条網と小銃・機関銃の射撃に向かって突撃する兵隊にすぎなかった」（Vandegrift, *Once A Marine*）。

けれども、ヴァンデグリフトが上げた無形の功績は、日本軍恐るるに足らずという自信を海兵隊員たちに与えたことだけではなかった。イル河畔の勝利により、彼は、海兵隊が不利な情勢にあっても勇敢に任務を達成する組織であり、これからの対日攻勢に無くてはならぬ軍種であることを、おのが戦略眼と作戦・戦術によって証明したのである。

以後のヴァンデグリフトの生涯は、この功績にふさわしい栄光にみちたものとなった。一九四三年、ブーゲンビル島上陸作戦を指揮したのち、ワシントンに呼び戻され、第一八代海兵隊総司令官に就任する。合衆国最高の勲章である議会名誉章をはじめとする受勲多数、一九四五年には大将に進級した。一九四七年に現役をしりぞいた（一九四九年に正式に退役軍人名簿に掲載）のちは悠々自適の余生を送り、一九七三年にメリーランド州ベセズダの海軍病院で死去。

享年八十六と長命であった。その遺体は、戦没者慰霊施設でもあるアーリントン国立墓地に葬られている。

註

（1）オーストラリア軍が、退役軍人や先住民、脱走した連合軍捕虜などより志願者をつのって組織した情報機関。彼らは強力な無線機を与えられており、日本軍占領下の地域から多くの情報を送った。

（2）「望楼」作戦当時、米軍がイル川とその東方にあるテナル川を誤認していたことはよく知られている。前者がテナル川だと思い込んでいたのである。この誤りは、即製地図作成のときに入り込んだものらしい（Vandegrift, *Once A Marine*）。

第五章
「細菌戦の研鑽は国の護りと確信し」
北條圓了軍医大佐（日本陸軍）

「細菌戦の参謀」

誤解を招きかねないもの言いではあるけれども、倫理的評価をひとまず措（お）くとすれば、日本陸軍の細菌戦能力が、第二次世界大戦の主要交戦国のなかでも一頭地を抜いたものであったことは間違いなかろう。この陰鬱で偏頗（へんぱ）な「進歩」の背景には、日本が「持たざる国」であるという背景があった。

ＢＣ（生物・化学）兵器は「貧者の核兵器」、安価でありながら多大な殺傷力を有する兵器であるとはよくいわれるところだ。第一次世界大戦は、戦争が、国力の競い合い、すなわち総力戦によって決まるものとなったことを明示した。資源に乏しい日本にとっては、容易ならぬ変化である。かかる事態に直面した日本陸軍の指導者たちには、工業生産力で劣る国であっても開発・運用可能な生物・化学兵器に注目する者が少なくなかった。

こうした動因を得て、日本陸軍は生物・化学兵器の開発を重視するようになる。とくに細菌戦については、人体実験さえもためらわぬ非情さを以て、強い感染性を有する病原体、それらの効果的な撒布(さんぷ)方法、味方の防疫措置などの研究が進められたのだ。

しかも、日本軍の細菌戦は計画・準備にとどまらず、昭和十四（一九三九）年のノモンハン、昭和十五（一九四〇）年から十七（一九四二）年にかけての中国大陸各地などで実行に移された。さらには、アメリカ軍に占領されたサイパンや硫黄島(いおうとう)、あるいは米本土に対し、生物兵器を使用する計画も立案されたという（秦郁彦「日本の細菌戦（上）」、「日本の細菌戦（下）」）。

むろん、これらの細菌戦に従事した日本陸軍の軍医たちは、大軍を動かしたわけでも、一大侵攻作戦を計画したわけでもない。けれども、いわば「細菌戦の参謀」として、神なき戦争に従事したのであった。

その実態はながらく秘密のヴェールにとざされていたが、内外の研究者多数の営々(えいえい)たる努力により、しだいに解明され、日本の細菌戦の非人道性も暴露されるに至った。細菌戦推進の原動力となった石井四郎(いしいしろう)軍医中将のもとに集まった陸軍の軍医たちは人体実験を行い、病原菌の殺傷力や感染性を高め、実戦に投入したのである。

しかし、ここに一人、石井四郎に次ぐ、といっても過言でないほどの役割を果たしながら、戦後、おのが足跡を消すことに、ほぼ成功した人物がいる。発足時の七三一部隊の幹部、軍医大佐で敗戦を迎えた北條圓了だ。

北條が、医師であり、同時に軍人でもあるおのれをいかに考え、いずれの職能を優先していたのか。生命を尊重する義務を負いながら、人体実験を行い、細菌戦という大量殺戮手段の発展に注力するのをためらわなかった、その動機は何であるのか。

本稿では、かような問題設定を行いつつ、北條圓了の生涯をたどっていくこととしたいが、彼に関する史資料はきわめて乏しい。ゆえに、そのような作業には、発掘された化石の破片から、当該生物の全体像を推定するがごとき難しさがともなうが、復元された「骨格」は、おそらく「細菌戦の参謀」たちの生物兵器に関する「用兵思想」（それは倫理観と密接に関係する）を知るための重要な手がかりを提供するはずである。

細菌学研究から生物兵器開発へ

北條圓了は明治二十七（一八九四）年、静岡県韮山町に生まれた。医師を志望し、大正十三（一九二四）年三月に東京医学専門学校を卒業、同年六月に陸軍三等軍医に任官している。最初の配置は歩兵第一八連隊（豊橋）付であった。その二か月後には陸軍軍医学校に入学。一年間の乙種士官学生課程を経て、名実ともに軍医の道を歩みだしている。

かくのごとく医専出身で、軍医として恵まれているとはいいがたいスタートを切った北條だったが、昭和二（一九二七）年四月、細菌戦に関与する遠因となった辞令を受ける。東京帝国大学伝染病研究所（前身は北里柴三郎が創設した私立研究所である）に入学するように命じられ、以後二年にわたって細菌学の研修を受けたのだ。そうして東京帝大に学んだのち、昭和四（一九二九）年に東京第一衛戍病院付になり、昭和五（一九三〇）年には一等軍医に進級した。このころには、細菌学の専門家と目されていたものと思われる。

その北条が、いよいよ細菌戦研究に手を染めたのは、昭和八（一九三三）年だった。すでに触れた軍医石井四郎は、昭和六（一九三一）年に石井式無菌濾水機を完成させたことで名を挙げ、陸軍内部での発言力を強めていた。折からの満洲事変勃発により、衛生状態の悪い戦地での防疫の必要が高まっていたときであったから、石井の浄水機はおおいに評価されたのである。

この追い風を受けて、石井は、防疫にとどまらぬ、攻撃的な細菌戦の研究に踏み出す。昭和七（一九三二）年八月、陸軍軍医学校防疫部に防疫研究室（「三研」と称された）を設置したのだ。北条も防疫部勤務となり、石井の指揮下に入った。両者の関係についてはつまびらかではないけれども、石井は細菌戦研究機関設置のため、人材探しにやっきとなっていたというから、すでに細菌学や防疫に詳しいとされていた北条をスカウトした可能性はあろう。

北条自身の記述によれば、ここでは「チフス、パラチフス、赤痢、コレラ、ペスト等の軍用ワクチンの製造及其改良」を行ったとされるが、石井が攻撃的細菌戦に備えて「三研」を新設したことを思えば、それも額面通りに受け取れるものではあるまい。ちなみに北条は、そのころハルビン特務機関に捕らえられたゲリラが持っていた液体入りのガラス試験管を調べて、病原菌を検出したことがあり、ソ連が細菌戦を準備しているしるしだと思ったという意味の文章を遺している（北條圓了「私の滞欧回顧録」）。彼にとって、将来の戦争で細菌戦が実行されることは、もはや自明の理となっていたようだ。

昭和 18 年の 731 部隊幹部。ドイツ派遣中の北條の姿はない

ともあれ、そうして北條が研究を進めているあいだにも、石井の猛烈な運動によって、細菌戦研究の規模は拡大の一途をたどっていた。さらに、人目の多い東京では、秘密を要する実験はできぬとさとった石井は、実質的に日本の支配下に入った満洲に研究所を置くべきだと判断する。

昭和八年秋、石井の希望はかなえられた。ハルビン東南の寒村背陰河（はいいんが）に、高い土塀と電流を通した鉄条網を周囲にめぐらせ、独立守備隊に警護された研究実験場が完成したのである。北條もまた、背陰河に赴任したことはいうまでもない。

「大山少佐」

背陰河に設置された新部隊は「関東軍防疫班」と命名され、その機密保持は厳重をきわめた。同防疫班は、石井四郎が用いていた変名「東郷ハジメ大佐」に由来する「東郷部隊」と通称され、所属将校は全員が偽名を使っていたという。指揮系統としては、軍医学校防疫研究室を中継して、参謀本部作戦課が統轄（とうかつ）していた。陸軍中央部の細菌戦にかける期待をうかがわせる事実ではある。

発足後も、関東軍防疫班の地位は向上していく。昭和十一（一九三六）年には、軍令――天皇の統帥権にもとづく軍事命令により、正式の編制である「関東軍防疫部」となった。昭和十五年には同じく軍令により「関東軍防疫給水部」に改編され、「満洲第七三一部隊」という秘匿番号（通称号）が与えられる。「七三一部隊」の誕生であった。

この間、七三一部隊は、当時の言葉でいう「匪賊（ひぞく）」、抗日ゲリラや盗賊団のメンバーで捕らえられた者、スパイや思想犯などを材料（「マルタ」と称された）として、人体実験を繰り返した。軍医たちは、チフス班、赤痢班、コレラ班、ペスト班、馬鼻疽（ばびそ）班に分かれ、マルタを病原菌に感染させては、さまざまなデータを取っていったのだ。

北條圓了もまた草創・発展期の「東郷部隊」の中枢にあり、当時は「大山少佐」と名乗っていた。もちろん、人体実験のことも知っていたはずだし、自らも関わっていたはずだが、詳細はわからない。ただ、北條の戦後の回想には、「私も其の〔七三一〕部隊の一員として腸チフス班を担当しましたが、兵器として使用する細菌種類、感染試験、兵器としての撒布方法、及其部隊の編制等は機密事項に属するので省略します」と述べられている（前掲「私の滞欧回顧録」）。

いささか語るに落ちた感がある記述であろう。

ともあれ、昭和十二（一九三七）年、二年間の背陰河勤務を終えて内地に戻った北條は、軍医少佐に進級した。同年八月には、日中戦争勃発を受けて出征、上海（シャンハイ）派遣軍司令部付で従軍する。翌十三（一九三八）年三月には東京に戻り、陸軍省医務局課員に補せられた。同年十月には医学博士の学位を授与され（その経歴からみて、東京帝大より得たものと思われる）、昭和十五年には軍医中佐に進んだ。しかし、昭和十六（一九四一）年一月、北條圓了は、予想外の任務に就くことになる。

ナチスの細菌戦を助ける

「（前略）二月八日午後五時、無事あこがれの伯林（ベルリン）に着きました。東京を一月二十六日に出発して、丁度二週間目です。伯林の日本大使館付武官室職員の御世話で、武官室の近所のザクセンホーフというホテルに一時落ち着きました」と、昭和十六年二月十一日付で留守宅宛てに出された北條の手紙に記されている（前掲「私の滞欧回顧録」）。

彼がドイツに派遣されたのは、昭和十四年から十五年にかけてのソ連とフィンランドの戦争がきっかけであった。この戦争以降、フィンランドでは家畜の伝染病が流行し、輸入に頼らざるを得なくなるほど食肉が不足しているが、これはソ連が細菌兵器を使用した結果ではないかとの情報が、日本の陸軍参謀本部に入ったのである。参謀本部は、軍医一名をヨーロッパに派遣して調査に当たらせるよう、軍医大佐に進級していた石井四郎七三一部隊長に申し入れた。そうして白羽の矢が立ったのが、北條圓了だったのだ。

もっとも、北條の記憶によれば、この欧州行は当初半年程度を予定しただけだったという。けれども、ストックホルム経由でフィンランドに入り、調査を実施しているうちに（前掲「私の滞欧回顧録」を読むかぎり、北條は、家畜の伝染病流行はソ連の細菌戦に起因するとの印象を持ったようである）、ヨーロッパ情勢が激変した。不可侵条約のもと、友好を保っていたはずの独ソのあいだがしだいに険悪になり、とうとう開戦に至ったのだ。そのため、シベリア鉄道による帰国がかなわなくなった北條は、あらためてドイツ駐在と研究調査任務の続行を命じられたのであった。

北條は、この命令にしたがい、「ロベルト・コッホ研究所」（ドイツの権威ある国立細菌学研究機関。現存する）に籍を置いて、防疫を中心に軍陣医学の最新知識吸収にかかる。ドイツ国内の衛生施設や前線の野戦病院などもしばしば視察したという。昭和十八（一九四三）年には、ドイツ軍の制服を着用し[1]、南部ロシア、黒海北岸に進出している防疫部隊を訪問する一幕もあった。

しかし、細菌戦の専門家が、軍事同盟を結んだ友邦に滞在していて、単に研究調査を行っているだけで済まされるわけがない。北條は、しだいにドイツ側と生物兵器の開発について意見を交換するようになった。その際、彼は、人体実験によって得られたことがあきらかなデータにもとづく知見を述べるのもためらわなかった。

ロベルト・コッホ研究所 ©A. Savin, Wikipedia

日付は不明だが、北條が昭和十六年十月にドイツ陸軍軍医大学校で行った講演「細菌戦について」を記録した文書が現存している。それによれば、北條は、「日本が現在、細菌戦の準備を進めているかどうかを述べる権限は、私にはない。しかし、いかなる国家も、現状では感染予防に努力するであろうことは間違いないと信じる」と述べた。ついで、細菌戦の有効性を否定する主張に反駁（はんばく）を加え、病原菌を用いて、人間、動物、植物に疫病を発生させる「攻撃的細菌戦」の可能性は大きいと断じたのだ。また、その行論からは、たとえばチフス菌の大量培養に必要な物資のデータを詳細に示すなど、日本の細菌戦能力の進歩を誇っているような印象さえ受ける（„Über den Bakterien-Krieg“）。

さはさりながら、こうした北條の知見は、ドイツ側にとってみれば垂涎（すいぜん）の的であった。というのは、意外なことかもしれないが、ナチス・ドイツの細菌戦研究は立ちおくれていたからである。その理由としてはまず、総統アドルフ・ヒトラーが生物・化学兵器の研究を禁じていたことが挙げられる。連合軍側がそれらを使って報復に出た場合、ドイツは対抗できないと判断した、あるいは、第一次世界大戦で毒ガス攻撃を経験したことがあるヒトラーが生理的な嫌悪感を抱いたなど、さまざまな推測がなされているものの、本当のところはわからない。

しかしながら、そうした状況は変わりつつあった。短期戦によるソ連打倒に失敗し、総力戦が予想されるようになったことから、ヒトラーも妥協した。昭和十七（一九四二）年五月に、あらためて「攻撃的生物戦」を禁止する命令を出しながらも、防衛目的の細菌戦研究を解禁したのである（Ute Deichmann, *Biologen unter Hitler*）。また、ナチス親衛隊全国長官ハインリヒ・ヒムラーも、細菌戦を強く支持した(2)。

かくてドイツ国防軍とナチス親衛隊の双方が細菌兵器開発を競うようになるなか、軍陣医学面での一種の連絡将校であった北條の存在は貴重なものとなった。ドイツ側は北條に細菌戦に関する知識や情報、さらには病原菌やその媒介となる昆虫の提供を求めた。親衛隊は昭和十九（一九四四）年に、ジャガイモを枯らすコロラドハムシを飛行機から撒布する実験を行っているが、この害虫は日本から得られたものだったと、ドイツの研究者で医師でもあるフリードリヒ・ハンセンは指摘している。加えて、同じ年に親衛隊は、牛疫の病原菌を提供するよう、日本に求めたものの、この段階ではもう両国の交通が途絶していたため、実現しなかった（Friedrich Hansen, *Biologische Kriegsführung im Dritten Reich*/フリードリッヒ・ハンセン「第二次大戦中のドイツの生物戦」/Bernd Martin, "Japanese-German Collaboration in the development of bacteriological and chemical weapons and the war in China"）。

北條圓了は、こうしたナチス・ドイツの細菌戦準備を、直接・間接に支援していたのである。

北條の「使命感」

昭和二十（一九四五）年五月、ソ連軍が迫る首都ベルリンから、南独（現オーストリア）バート・ガスタインに逃れていた大島浩駐独大使以下の外交官や武官府の軍人たちは、進攻してきた米軍の捕虜となった。昭和十九年に軍医大佐に進級していた北條も、そのなかに含まれている。

同年六月、アメリカに運ばれた北條は、ワシントン郊外ポトマック河畔の収容所に入れられた。だが、その後、別の収容所に移され、およそ二か月にわたり、厳しい取り調べを受けた。米軍は、彼が細菌戦研究に従事していたことをよく承知していたのだ。

「私が独逸で何をして居たか、何処を旅行したか、誰に会って何を話したか等、又日本では何処に勤務して何をして居たか。日本に於ける有名な細菌学者は誰か、満洲に於ける日本軍の細菌戦研究所の状況など、微に入り細に亘り質問されて大変困った」。

「所持品は全部取りあげられ、私の自殺を考慮してズボンのバンド迄取りあげられて、私は絶えずズボンを片手で支えて歩かなければならなかった。〔中略〕耐えず監視兵の銃口を向けられた日常であった」。

しかし、より注目すべきは、北條がおちいった苦境よりも、彼が独房でつくったという歌であろう（前掲「私の滞欧回顧録」）。

「1．あゝ世は夢かまぼろしか／八紘一宇を夢見つゝ／大東亜へと出征の／雄々しき姿今いづこ

2．夢よりさめて見渡せば／独房獄舎の窓の内／鉄の格子の冷たくて／月影あわく消えて行く

3．細菌戦の研鑽は／国の護りと確信し／率先参加の愛国心／それが破滅にならんとは

4．日ごとの尋問厳しくて／戦争犯罪定まれば／我身此世に無きものと／無常を感じ涙ぐむ」。

何よりも、「細菌戦の参謀」の心理をえぐりだした歌といえる。

北條、そして、人体実験に関与した他の軍医たちも、おそらくは、医師であることよりも、軍人としての「使命」を優先する教育・訓練を受けていた。

古代ギリシアより伝えられているとされる「ヒポクラテスの誓い」には、患者に利すると思う治療を選択し、害とわかっているそれはしりぞける、頼まれても人を殺す薬は与えないなど、

医者たる者の根本原則が定められている。だが、細菌戦部隊の医師は、ヒポクラテスではなく、戦神（マルス）の論理にしたがう軍事テクノクラートと化していたのだ。

彼らにとって、細菌戦は国防のための重要な手段であり、その開発は、たとえ人体実験を含むものであろうと、医学倫理よりも重んじられるべき「率先参加の愛国心」の発露なのであった。細菌兵器の効果的な使用法を考えるのは、参謀本部の将校が戦略・作戦・戦術を練るのと同じ、当然の責務だったのである。

それゆえ、責任を問われても、犠牲者に対する良心の呵責（かしゃく）はなく、ただ「戦争犯罪」などといわれなき罪を着せられかけている（と、北條には思われたであろう）無常を覚えるのみ。

もっとも――この歌には5番がある。

「研究調査は自由にて／実施不関与無罪ぞと／晴れて獄舎を後にして／悲喜交々（ひきこもごも）の帰還かな」。米軍当局は彼と細菌戦の関係を詰めきれなかったのだ。昭和二十年十二月、無罪とされた北條は帰国の途に就き、浦賀（うらが）港より敗れた祖国に上陸した。

戦後の北條は、ひそやかな、しかし成功した人生を送った。昭和二十一（一九四六）年から二十二（一九四七）年まで厚生技官として宇品（うじな）検疫所長を務めたのち[3]、外科・内科医院を開設、開業医生活に入る。没年は不詳であるが、少なくとも昭和五十六（一九八一）年までは存命だったことが確認されている。

軍人時代に与えられた官位功級は、従五位勲四等功五級であった。

註

（1）　数年前に、ドイツ軍の制服を着てはいるが、あきらかにアジア系、それも日本人と思われる（旭日旗をあしらった徽章を付けていた）軍医の写真がネット上に流布され、ドイツ軍に志願した日本人義勇兵ではないかと、マニアのあいだで話題になった。だが、この軍服着用は、独ソ戦に対しては中立を保っている日本の軍人が前線視察の際に捕虜になったりすれば、国際問題になりかねないため、北條の記述にあるように便宜的に取られた措置だったと思われる。

（2）　従来、一九四二年六月に連合軍に支援されたチェコスロヴァキアのレジスタンスが、ドイツ公安警察・機関長官兼ベーメン・メーレン副総督ラインハルト・ハイドリヒ親衛隊大将を襲撃殺害した際、手榴弾にボツリヌス菌が仕込まれていたことが契機となり、対抗措置として、細菌戦準備へと舵が切られたとの説明がなされ、筆者（大木）もそのように記述してきた。しかし、のちにハイドリヒの検死報告書が見つかり、ボツリヌス菌使用の事実はなかったことが確認されたため、この説は否定されるに至った。

（3）　これは、前掲「私の滞欧回顧録」の記述による。実際には宇品検疫所が設置されたのは昭和二十二年四月であるから、北條はその前身、宇品引揚援護局の検疫責任者だったと推測される。

第六章
「空中戦で撃墜を確認した敵一機につき、五百ドルのボーナスが支払われた」
クレア・L・シェンノート名誉中将（アメリカ合衆国空軍）

義勇兵上がりの司令官

公式に参戦していない国の国民でありながら、あるいは自らの主義主張にしたがい、あるいは報酬に惹かれて、戦場に赴く人々――「義勇兵」と呼ばれる存在は、古今東西の戦争にみられる。ウクライナ侵略戦争でも、日本人義勇兵が従軍していることは、しばしば報道されるところだ。

第二次世界大戦でも、こうした義勇兵はさまざまな戦線に出現し、ときに重要な役割を演じている。本稿で取り上げるクレア・リー・シェンノート合衆国空軍名誉中将などはさしずめ、その代表格といえるだろう。(1)

彼は、蔣介石（しょうかいせき）の中国国民政府のために、義勇兵から成る航空部隊「フライング・タイガース」を組織し、日米開戦以前から日本陸海軍の航空隊と戦いつづけた。さらに、太平洋戦争中には、正規の合衆国陸軍航空軍に組み込まれ、司令官にまでなった。(2) こうしたシェンノートの経歴は、日中戦争から太平洋戦争への拡大過程を体現していると思われ、非常に興味深く、また検討に値するであろう。

操縦士になった「トム・ソーヤー」

クレア・リー・シェンノートは、一八九〇年九月六日、テキサス州コマースにおいて、綿花栽培を生業としていた父ジョン・ストーンウォール(3)と母ジェシーのあいだに生まれたことになっている。少なくとも、彼自身はそう称していた。だが、シェンノートの伝記を書いたアメリカのジャーナリスト、ダニエル・フォードによると、生地・生年ともに公文書の裏付けは取れないという。事実、シェンノートの二番目の夫人は、彼の死後に、実は一八九三年生まれだと訂正している。このようなずれは、シェンノートが大学に入る際に、年齢が足りないため、父親が本当の生年に三年加えて申請したことから生じたようだ。

いずれにせよ、シェンノートは、ルイジアナ州ギルバートならびにウォータープルーフで、すくすくと育っていった。一九〇一年に母を結核で亡くすという不幸はあったものの、叔母のルイーズに母親同然の愛情を注がれて、前出のフォードが「トム・ソーヤー」的と形容する、自然の恵みと健康を満喫するような少年時代を送ったのである（Daniel Ford, *Flying Tigers*）。

そのシェンノートが初めて軍隊と関わったのは、ルイジアナ州立大学に入り、ROTC（Reserve Officers' Training Corps）、予備将校訓練団で講習を受けたときであった。この、軍隊指揮に必要な知識・訓練を大学生にほどこし、修了者には予備将校の資格を与える制度により、若きシェンノートは軍隊運用の基礎を覚えたのであった。なお、ROTC出身で陸軍の高級将校となった人物は他にも多数おり、陸軍士官学校以外の複線的な幹部登用コースを持つ米陸軍の強みを感じさせる事例ではある。

クレア・L・シェンノート
（1893–1958）

さらに、第一次世界大戦へのアメリカの参戦が、シェンノートに陸軍入りを決意させ、また、空というあらたな活躍の場を与えた。

一九一七年、インディアナ州フォート・ベンジャミン・ハリソンの将校学校を卒業し、正規軍の中尉に任官したシェンノートは、当時陸軍通信隊の一部門であった航空隊に配置されたのだ。さりながら、切望していた前線行きは間に合わず、米本土で第一次世界大戦の終わりを迎えることになったが、彼の軍歴はそこでは終わらなかった。戦後も、陸軍航空隊に残り、航空隊戦術学校追撃機（戦闘機）科長などを務めたのである。

両大戦間期において、シェンノートは、まず操縦士として頭角を現した。大尉に進級したのち、第一追撃機群長となっていた彼は、一九三〇年代なかばにアクロバット・チーム「三銃士」を結成する。一九三二年にマックスウェル航空基地の追撃機教官に異動したのちは、「三銃士」を「空中ブランコの三人男」と改称し、さらに好評を博した。シェンノートのパイロットとしての腕前が認められたのであった。

しかし、この時期の活動として、より重要なのは、シェンノートが、将来の空中戦では、単機同士の格闘戦ではなく、二機を一組とした「ペア」を単位として、組織的な戦闘を行うことが必須だと主張したことであろう。ドイツ空軍が、スペイン内戦の教訓から、二機を一組として空中戦を実行する「ロッテ」戦法を編み出し、第二次世界大戦で活用したことはよく知られている。シェンノートの議論は、それにはるかに先んじていたのだけれども、第一次世界大戦の単機空戦や大編隊を組んでの戦闘に拘泥する上官や同僚たちには、とうてい受け入れられるものではなかった。ゆえに、彼は、さまざまなあつれきを経験し、また嘲笑を浴びることになる。

かかる不快な反応に加え、難聴と気管支炎を患ったシェンノートは、少佐まで進級してはいたにもかかわらず、軍をしりぞくことを決意した。軍事顧問となり、航空隊の教育・訓練に協力してくれという、かねてよりの中華民国の誘いを受けることにしたのである。一九三七年四月末、日中戦争が開始されるおよそ二か月前のことであったが、そのような未来が待っていようとは、シェンノートにはむろん知るよしもなかった。

「フライング・タイガース」結成

一九三七年六月、シェンノートは上海（シャンハイ）に降り立った。当初の契約期間はわずか三か月、任務は中国空軍の実力を調査することで、報酬は月額一千ドルだった。ところが、中国空軍の諸施設や訓練所などを査察したシェンノートが、国民党航空委員会秘書長の宋美齢（そうびれい）（蔣介石夫人）に提出した報告書は、およそ否定的なものであった。中国空軍は、イタリア空軍の支援を受け、数においては相当拡張されたが、人員や機材の質は低く、多分に改善の余地があるというのが、その結論だったのである。しかも、かくのごとき評価が正しかったことは、七月七日に勃発した日中戦争における中国空軍の苦戦により、実証されてしまう。

もはや三か月契約の顧問では済まなかった。蔣介石の首席航空顧問に就任したシェンノートは、中国空軍パイロットの訓練を支援する一方、自ら米国製カーチスH-75戦闘機に搭乗して、偵察任務に従事した。義勇兵パイロットを集めて、「国際中隊」なる航空部隊を編成することにも力を尽くしている。こうした外人部隊によって、中国の空を守ろうとする試みは、日本軍が航空優勢を確保、南京陥落後に遷都（せんと）され、新首都となった重慶に大規模な空襲をしかけてくるにつれ、さらに強化されることになる。

一九四〇年十月、航空機の供給と米人パイロットの派遣をアメリカ政府に要請してほしいとの蔣介石の密命を受けたシェンノートは、合衆国に旅立った(4)。だが、この求めを受けた米政府首脳陣の多くは消極的であった。ヨーロッパでは、ヒトラーのドイツがフランスを降伏させ、孤立したイギリスに猛攻を加えている。そのイギリスに援助を与えつつ、同時に自らの軍備をととのえなければならぬアメリカとしては、中国を支援する余裕など持ち合わせていないというのが、おおかたの意見だったのである。

にもかかわらず、シェンノートは、フランク・ノックス海軍長官やヘンリー・モーゲンソー財務長官をはじめとする、ヨーロッパとアジアへの積極介入をよしとする政府要人の支持を取り付け、フランクリン・D・ローズヴェルト大統領の承認を得ることができた(5)。それによって、カーチスP－40戦闘機百機が調達されたのだ。

しかしながら、航空機の供給以上に難しかったのは、義勇兵パイロットの確保だった。米陸海軍は、来るべき枢軸陣営との対決に向けて、兵力整備に余念がなかったから、自軍で使えるであろう人的資源を義勇兵のかたちで他国に流出させることには反対していたのである。もっとも、この問題は一九四一年四月に出された大統領令によって、陸海軍が折れたことで解決され、義勇兵募集が可能となった。

だが、より困難な障害が残されていた。少なくとも表向きは中立を保っているアメリカとしては、一方の交戦国である中国への兵員派遣を公然と行うことはできない。そこで、CAMCO（Central Aircraft Manufacturing Company）、「中央航空機製造会社」という民間企業が隠れ蓑とされた。CAMCOが中国政府との契約にもとづき、航空機を供給する。パイロットたちは、その航空機の組み立て、修理、整備に従事する要員として、CAMCOに雇用され、中国に派遣されるとの建前が取られたのである。

かくて、CAMCOの社員となった元陸軍将校の操縦士たちが、各基地をまわり、募兵にかかる。この契約に応じる者には、高額の報酬が約束された。加えて、パイロットが日本機を一機撃墜するたびに五百ドルの報賞金が支払われたと、シェンノートの回想録に記されている。「一機ごとにきっちり五百ドルが支払われることがあきらかになった。最初は、空中戦で撃墜を確認した敵一機につき、五百ドルのボーナスが支払われたのであるけれども、すぐに、確認さえされれば地上で撃破した敵機に対してもボーナスが出るようになった」（Claire Lee Chennault, *Way of a Fighter*）。

こうして、シェンノートが期待したほどの質は得られなかったものの、義勇兵を揃えることができた。操縦士と整備員を合わせて、その数およそ三百名。空の傭兵部隊「フライング・タイガース」が誕生したのだ。

ビルマの初陣

第一アメリカ義勇兵団（フライング・タイガースの正式名称）は、イギリスが提供したビルマ（現ミャンマー）のキエイドー基地に集結した。ここでシェンノートは、先に触れた「ペア」戦法を義勇兵たちに叩き込んだ。チームワークこそが空中戦の勝利につながると、説いてやまなかったのである。

また、日本軍機の性能とその操縦士たちの技倆を馬鹿にしてはならないと、警告しつづけた。日本の航空技術は世界水準から立ち後れており、パイロットも人種的に白人より劣っているというような誤った言説がまかりとおっていた時代にあっては、特筆すべきことであった。蒋介石政権の航空顧問として、日本陸海軍の航空隊に何度となく苦杯を嘗（な）めさせられてきた経験が、正しい洞察をみちびきだしたといえよう。

こうした適切な訓練により、フライング・タイガースの戦闘能力はみるみる向上した。太平洋戦争が開始されて以来、中華民国軍の指揮下に入っていたフライング・タイガースは、中国雲南（うんなん）省の昆明（こんめい）付近ならびにビルマの首都ラングーン（現ヤンゴン）近郊に展開していた。それが、「援蒋ルート」、米英のビルマ経由の中国支援路を守れとの蒋介石の命を受けて、いよいよ戦闘に投入されることになったのである。

初陣は一九四一年十二月二十日、ラングーン上空であった。この日、ラングーン空襲をしかけてきた戦爆連合編隊を迎撃したフライング・タイガースは、「ペア」の協同と一撃離脱戦法を駆使して、日本軍をさんざんに悩ませたのだ。日本側は三機、フライング・タイガース側は一機の喪失と、それ自体は小戦闘にすぎないが、真珠湾以来敗北続きであった連合軍にとっては、愁眉を開く戦果だったといえる。また、シェンノートとフライング・タイガースの名も、圧倒的な日本軍に抗して奮戦する英雄たちとして喧伝された。

機体に描かれた部隊記章と「空の義勇兵」

こうしてビルマ退却戦を空中から掩護する一方で、シェンノートは、中国空軍の操縦士育成に努力した。この時期、彼は中国空軍大佐の階級を与えられており、航空訓練の責任者でもあったのだ。

マーヴェリックの悲哀

一九四二年、フライング・タイガースは正式に米陸軍航空軍に編入され、シェンノートも少佐の階級で陸軍に復帰した。もっとも、その後、約一年のうちに少将にまで進級し、第一四航空軍司令官になっているが、これは彼の名声と戦功のたまものであったろう。

しかしながら、「焼き印のない牛（マーヴェリック）」、いわゆる一匹狼として自由気ままにやってきた人物が、軍隊という官僚組織に組み込まれたことは、さまざまな問題を引き起こした。とりわけ、彼が配置されたＣＢＩ（China-Burma-India の略）戦域、中国・ビルマ・インド方面の米軍司令官（ほかに、ビルマ・インド方面連合軍副司令官、蔣介石付軍事顧問を兼任）ジョゼフ・スティルウェル陸軍中将との対立は深刻だった。

自分が指揮する第一四航空軍の掩護下に国民政府軍の攻勢を実行させようとするシェンノートに対し、スティルウェルは援蔣ルート上空の安全を確保することを航空部隊に求めていたのだ。蔣介石国民政府主席についても、前者は非常に優れた軍事的・政治的指導者だと評価していたが、後者は約束を守らぬ信用できない人物だとみなしていた。

一九四二年以来、両者の関係は悪化するばかりだった。それがピークに達したのは、一九四四年四月であった。このとき、日本陸軍は、中国奥地の航空基地を奪取するとともに、占領下の仏領インドシナとの陸上連絡路を開くことを企図する「一号」作戦を発動、目的を果たした。この敗北に関し、シェンノートとスティルウェルは、互いに責任を押しつけあったのだ。

両者とも、圭角（かど）のあることで知られた人物ではあったものの、かかる組織内の紛争においては、シェンノートのほうが分が悪かった。一九四五年六月、シェンノートは、第一四航空軍司令官の職をジョージ・Ｅ・ストラトメイヤー中将に譲って、戦場を去る。

太平洋戦争が終わってまもない一九四五年十月、少将で退役したシェンノートは、反共の闘士と化した。共産勢力との内戦に突入しようとしていた蔣介石を支持し、軍の払い下げ航空機を購入して設立した「民間航空輸送」社（Civil Air Transport. 中国語名「民航空運公司」）を用いて、国共内戦では国民党軍、インドシナ紛争ではフランス軍の支援に従事した。同社は、その後もＣＩＡなどの情報機関に協力したといわれる。この時期の彼の主張は、一九四九年に刊行された回想録の冒頭、「合衆国は太平洋戦争に敗れつつある」との一文（Chennault, *Way of a Fighter*）に象徴されている。アメリカは太平洋戦争で得たものを、共産主義勢力との対決で失いかけているという意味だ。

アメリカ軍の複線的な登用コースによって脚光を浴びながら、しょせんは傍流にとどまったといえる。マーヴェリックの悲哀というべきか。

もっとも、彼が自らを不幸であると考えていたかどうかはわからない。というのは、一九五八年には、長年の貢献を嘉（よみ）されて空軍名誉中将の階級を与えられており、私生活では中国系米人陳香梅（チェンシャンメイ）（英名アン）をめとり、二人の娘に恵まれたからだ[6]。

シェンノートは、一九五八年七月二十七日にこの世を去った。死因は肺ガンで、長年ヘビースモーカーであったことに由来すると推定された。彼と二番目の妻の遺体は、アーリントン国立墓地に埋葬されている。

註

（1）シェンノート（Chennault）一族は、フランスからの移民の家系であり、一部フランス語式に読んで「シェノールト」と表記するほうが原音に近い。ただし、本稿では、日本において人口（じんこう）に膾炙（かいしゃ）している「シェンノート」を用いる。

（2）一九〇七年に発足した米陸軍航空隊は、その後、さまざまな改編・改称と拡張を経て、一九四一年には「陸軍航空軍」とされた。正式に独立した軍種である合衆国「空軍」が成立したのは、第二次世界大戦後の一九四七年になる（源田孝『アメリカ空軍の歴史と戦略』）。

（3）父の名が、「石壁（ストーンウォール）」と讃えられた南軍のトーマス・ジャクソン将軍にちなんでいることからもわかる通り、シェンノート家は、ロバート・E・リー将軍の遠縁になる南部の名家だった。

（4）ちなみにシェンノートは、この帰国の際に、零戦（零式艦上戦闘機）の性能データに関する報告を出したが、無視された。彼の回想録には、「真珠湾の時点で、米軍が使っていた日本機に関する技術マニュアルの零戦の頁は白紙のままだった」と、苦々しげに記されている（Chennault, *Way of a Fighter*）。

（5）なお、シェンノートの構想は、実現されたものよりも規模壮大で、数百機の戦闘機・爆撃機とその乗員を中国に送り込み、中国軍によるものと偽装して、東京や大阪を空襲する態勢をととのえるとの計画を立てていた。このＪＢ３５５文書には「ＯＫ　ＦＤＲ（フランクリン・Ｄ・ローズヴェルト）」のサインもあった。

それゆえ、ＪＢ３５５をもとに、アメリカは対日先制攻撃を企図していたと主張する通俗書も出現し、邦訳もされたが（アラン・アームストロング『「幻」の日本爆撃計画』）、これはペーパー・プランにすぎないものを具体的な計画であるかのごとくに誇張する、陰謀論にしばしばみられるやりようでしかない。

本稿で述べるように、実際にはアメリカはＰ－40戦闘機を供給しただけであったし、そもそも当時の米爆撃機の性能では、日本本土爆撃は困難だったのである（秦郁彦『陰謀史観』）。

（6）最初の妻、ネル・トンプソンとは、一九四六年に離婚しているが、彼女とのあいだに八人の子供を授かっている。

第七章 「諸君は本校在学中そんな本は一切読むな」
小沢治三郎中将（日本海軍）

過大評価された提督か

かつて小沢治三郎は、昭和海軍のなかでも、元帥山本五十六大将や山口多聞中将に優るとも劣らぬ名将であると評価されていた。それもゆえなきことではない。早くから空母を集中運用すべしと唱え、太平洋戦争の緒戦では、南遣艦隊司令長官としてマレーや蘭印（オランダ領東インド、ほぼ現在のインドネシアに当たる）の攻略を支援、陸海協同の実を挙げた。第三艦隊（空母機動部隊）司令長官としては、起死回生をかけた「アウトレンジ」戦法（後述）でマリアナ沖海戦にのぞみ、敗れたとはいえ、健闘を示している。比島沖海戦（米側呼称は「レイテ湾海戦」）では、自らの艦隊を犠牲にして、戦闘海域以外への米空母部隊誘引に成功した……。

だが、平成から令和にかけての研究の進歩は、こうした昭和の評価に疑問を呈した。マリアナ沖海戦の作戦指揮は航空部隊の練度や実戦における艦上機の性能を考慮しない独善的なものでしかなかったし、比島沖海戦における空母部隊の運用も、全体的な戦略との整合性を無視したあだ花にすぎない。何よりも、いうに足る戦果を上げることができぬまま、空母を失っていくはめになったのは、小沢の指揮が拙劣だったからではないのか。

かくのごとき、厳しくはあるが一定の根拠を持つ批判によって、凡将とはいわぬまでも、小沢を名将とみるのは過大評価だという声も聞かれるようになった。しかし、かかる指摘を仮に受け入れるとしても、小沢にはなお傑出した点があるように、筆者には思われる。

それは独創性だ。

昭和海軍の将星のほとんどが、日本型「指揮統帥文化（コマンド・カルチャー）」にどっぷりと浸かり、教条的な作戦・戦術のもと、現実には生起し得ない日本海海戦型の艦隊決戦を夢見たのに対し、小沢は、そのときどきに置かれた状況において最善の方策は何であるかを、おのれの頭で考えつづけた。

プロイセンの軍事思想家クラウゼヴィッツは、何が起こるか予想もつかぬ混沌（こんとん）が戦争の本質であるとの理解を示した。今日、世界の軍隊にあっては、そうした戦争の不確実性に対応するには、個々の指揮官が自主独立の知性を磨きあげ、予想外の事態に即興的に対応できるようにするほかないとの認識が主流になっている。

かかる用兵思想の流れから顧みれば、小沢治三郎は、既存の規範に唯々（いい）諾々（だくだく）としてしたがう者が多かった昭和の軍人には珍しい、内在的な発想を持つ先駆的頭脳だったのかもしれぬ。

以下、こうした視座から、彼の生涯を概観し、小沢という歴史的個性を軍事史的に再検討してみたい。

暴れん坊士官

明治十九（一八八六）年十月二日、小沢治三郎は、宮崎県児湯郡高鍋町の旧家に生まれた。尋常小学校時代から柔道に熱中し、県立宮崎中学校（旧制）に入学したころにはスポーツマンとして――また、喧嘩好きとして知られるようになっていた。実は、その癖が祟って、小沢少年は中学を逐われることになる。

小沢治三郎（1886-1966）

明治三十七（一九〇四）年十一月末、宮崎市内を歩いていた小沢は、因縁をつけてきた不良青年二、三人を、得意の柔道で投げとばしてしまった。それだけならば、取るに足りない揉めごとにすぎなかったろうが、その翌々日、『宮崎新聞』に大々的に報じられてしまった。こうなると、中学校側も見逃すわけにはいかない。小沢は退学の憂き目に遭う。

当時、県立中学を退校になると、他の国公立中学に転校することはできなかった。やむなく親元を離れて上京、私立の成城中学に入った。ところが、この成城中学時代にも、小沢はすさまじい武勇伝を残している。神楽坂を散歩中、喧嘩になった相手を柔道でねじ伏せ、下駄で踏みつけて、降参させたというのだ。驚くなかれ、この叩きのめされた男こそ、のちに「柔道の神様」と称され、講道館柔道十段となる三船久蔵であった。

明治三十九（一九〇六）年三月、成城中学を卒業した小沢は、従兄の勧めにしたがい、海軍兵学校ならびに、鹿児島の第七高等学校（旧制）を受験、まずは後者に合格した。以後、海軍兵学校の合格者発表を待ちながら、しばらく七高に通ったのである。もし海兵にパスしなかったら、そのまま大学に進み、造船官になるつもりだったという。

しかし、そうはならなかった。合格通知を受けた小沢は、七高に退学届を出し、明治三十九年十一月より海兵三七期生となったのだ（同期には、井上成美や草鹿任一などがいる）。ここまで、海兵生徒となってエリートコースを歩みだすに至る経歴をみただけでも、小沢少年の道程が、郷土の秀才が海兵を熱烈志望して、みごと合格といった、型通りのものでなかったことがわかる。明治四十二（一九〇九）年、海兵を卒業したときの席次も百七十九人中四十五番で、劣等生とまではいかなくとも、優秀な成績だったとはいえない。もっとも、こうしたスタートだったがゆえに、小沢は、昭和の海軍に顕著な、画一的な思考様式の打刻をまぬがれ得たという側面もあろう。

いずれにせよ、明治四十三（一九一〇）年に少尉に任官した小沢は、装甲巡洋艦、駆逐艦、戦艦などに乗り組み、また砲術学校や水雷学校、海軍大学校（砲術、水雷術、航海術の基礎を学ぶ乙種学生となった）での研鑽（けんさん）を経て、海軍士官として成長していく。大正四（一九一五）年には大尉に進級、大正六（一九一七）年に水雷艇「鷗（かもめ）」艇長に補せられた。

この「鷗」艇長のころなのか、翌年に水雷艇「白鷹（しらたか）」艇長に転じてからのことなのかは判然としないが、なかなか乱暴なエピソードが伝わっている。小沢が属する水雷艇隊の司令とその部下の艇長四人で、料理屋に飲みに行ったときのことだ。常日頃、この上官に面白からぬ感情を抱いていた艇長の一人が、吸い物の椀を投げつけたのである。中身が司令のひげや胸にぶちまけられ、したたり落ちる。

上官に対するものとは思われぬ無礼に、一同が静まりかえったところへ、小沢が立ち上がった。「俺が洗ってやる」と言い放つと、床の間に置かれていた花瓶の水を、頭から司令にかけた。こう書くと無茶なようだが、それで緊張がほぐれたというから、やや野蛮なユーモアであったのかもしれない。ともあれ、それを機に、司令はこっそりと退散したという（提督小澤治三郎伝刊行会編『提督小澤治三郎伝』）。

教科書にとらわれず

大正七（一九一八）年、第一次世界大戦で連合国の一員となっていた日本が地中海に派遣していた第二特務艦隊所属の駆逐艦「檜（ひのき）」に転属となり、欧州での生活を経験したのち、大正八（一九一九）年に、小沢は海軍大学校に合格、戦略戦術を学ぶ甲種学生となった。未来の連合艦隊司令長官や海軍大臣には必須のキャリアを得たのである。

大正十（一九二一）年、海軍大学校を卒業し、少佐に進級した小沢は、高級指揮官への道を駆け進んでいく。いわゆる「水雷屋」として魚雷戦を専門とし、駆逐艦長や戦艦「金剛（こんごう）」水雷長、第一水雷戦隊参謀、駆逐隊司令など、現場の指揮官として経験を積んでいったのだ。

このころの小沢がとくに重視していたのが、水雷の利点を最大限に生かすための夜間戦法だった。海軍軍縮条約の締結により保有兵力を制限され、仮想敵であるアメリカ海軍に対して兵力比が不利となった以上、薄暮（はくぼ）に味方戦艦・巡洋艦の掩護を受けながら敵艦隊に接敵、夜間の水雷戦を経て、翌日の主力決戦に勝利するというのが、彼の構想であった。しかし、さらに小沢の戦争観を知り、その軍人としての能力をはかる上で、きわめて重要なのは、海上勤務よりも、むしろ海軍大学校教官を務めていた時代の言動であろう。

昭和六（一九三一）年十二月、海軍大学校教官に補せられた小沢を迎えたのは、硬直した空気であった。

昭和戦前期の海大は、日露戦争の名参謀として知られた秋山真之（あきやまさねゆき）中将が制定した戦略・作戦・戦術の教科書「海戦要務令」を金科玉条としていたのだ。日米戦が生起した場合に植民地フィリピンの救援に太平洋を渡ってくるであろうアメリカ艦隊を、水雷戦隊や潜水艦の攻撃で徐々に消耗させ、最後に艦隊決戦でこれを撃滅するという「漸減邀撃」作戦構想を、学生、すなわち、将来の提督たちに刷り込むことが、その教育だったのである。

　シンクタンクの機能も付与され、自由な発想で戦略や作戦を練ることを期待されているはずの機関とは思えぬありさまだったといえよう。小沢は、そうした海大のアプローチに疑問を覚え、異端児として振る舞った。彼にしてみれば、航空機などの新兵器による戦略・作戦環境の変化を直視せず、旧態依然たる漸減邀撃方針を墨守するなど、とうてい肯んじられなかったのだ。

　したがって、小沢の講義も、学生の自主性を重んじるものとなった。確実にわかっていて、定説のあるようなことについては、本や参考資料を読めばよいと、いっさい触れず、重点と着想だけを述べ、あとは今日でいうシミュレーション、ルールにしたがって海図や戦闘海面を想定した広間で軍艦を示す駒を動かす「兵棋演習」で自得させるという方途を取ったのである。ちなみに、優れた参謀将校を輩出した、全盛期のドイツ陸軍大学校のカリキュラムをみると、驚くほどの時間が図上・兵棋演習に割かれている。小沢の思考に一脈通じる挿話ではなかろうか。

　また、何度かの改訂を経てはいるものの、基本的には秋山真之以来の枠にとどまっている

「海戦要務令」についても、小沢は一顧だにしていない。「海戦要務令」の一節を読み上げて、その意味を問うた学生に、彼はにべもなく答えた。

「諸君は本校在学中そんな本は一切読むな」（前掲『提督小澤治三郎伝』）。

「機動部隊」の発想

海軍大学校から異動、重巡洋艦「摩耶」、戦艦「榛名」の艦長を経て、昭和十一（一九三六）年に少将に進級、アドミラルに仲間入りした小沢は、再度海大教官に補せられた。だが、それは二か月程度のことで、つぎの人事のための待機措置だったらしい。というのは、昭和十二（一九三七）年二月に、小沢は連合艦隊参謀長という重要なポストに異動しているのである。

この配置にあって、その独創性、あるいは独創性重視は、重要な作戦・戦術構想の端緒を開いた。すでに航空機の威力に注目していた小沢は、従来のように、空母の役目は第一に索敵・警戒であり、航空攻撃は副次的な任務にすぎないとする考えから脱して、空母の集中運用を唱えたのだ。具体的には、戦艦・巡洋艦部隊にばらばらに配属されていた空母を、一人の指揮官のもとに集めて「航空艦隊」を編成すべきだとした。

この、のちの機動部隊につながる着想は、小沢が、第八戦隊司令官、水雷学校長を歴任したのち、昭和十四（一九三九）年に、空母部隊である第一航空戦隊司令官に補せられるに至って、大きく前進することになる。

きっかけは、空母「赤城」飛行隊長淵田美津雄中佐の、第一・第二航空戦隊に分散配置されていた空母「赤城」と「飛龍」に、改装中の「加賀」と「蒼龍」を加え、建制上一つにまとめられた艦隊に集中配備してくれとの要望だった。別々の艦隊に所属し、しかも異なる海域にいる空母から発進した航空隊が空中で会合し、大編隊を組むことは、はなはだ難しい。だが、ベテラン・パイロットで、搭乗員のボス的存在である淵田は、空母を一艦隊にまとめ、その上空で編隊をつくればよいと、思いついたのである。

小沢が着想した空母機動部隊が真珠湾へと向かう

かねて、空母の集中使用と統一指揮の必要を痛感していた小沢は、淵田の提言を容れ、およそ半年をかけて、第一航空戦隊で実験を繰り返した。しかるのちに、昭和十五（一九四〇）年六月九日付で、得られた知見を反映させた意見書を海軍大臣に提出したのだ。その冒頭にいわく――。

「現平時編制中の聯合艦隊航空部隊は、一指揮官をして、之を統一指揮せしめ、常時同指揮官指導の下に訓練し得る如く、速に聯合艦隊内に航空艦隊を編成するを要す。

理由
海戦に於ける航空威力の最大発揮は、適時適処に全航空攻撃力を集中するに在り。而して、右攻撃力の集中は、平時より全航空部隊を統一指揮し、建制部隊として演練し置かざれば、航空戦の特質上、戦時即応すること困難なり」（前掲『提督小澤治三郎伝』）。

海軍中央は、この意見書にしたがい、翌昭和十六（一九四一）年四月に、大型空母四隻を基幹とする第一航空艦隊の新編に踏み切る。世界初の空母機動部隊が誕生したのであった。戦略・作戦次元における小沢の真価をはかるにあたり、特筆すべき業績だといえる。

戦争後半の悲運

昭和十五年十一月、第三戦隊司令官に転任し、中将に進級した小沢は、翌年九月に海大校長に補せられた。だが、折からの戦雲は、彼を戦場に送り出すことになる。昭和十六年十月、南方侵攻を支援する南遣艦隊司令長官に任命され、再び海上に出たのである。私心なく、自身の出世を顧みずに直言する性向ゆえに、部下からも「それは、あなた平時だったら、〔第〕二艦隊〔司令〕長官で終わりですね」といわれていたという小沢が、表舞台に躍り出たのであった（前掲『海軍反省会』、第一巻）。

この配置にあって、小沢が指揮と統率の妙を示したこと、また、自らの犠牲をもいとわぬ覚悟で陸軍上陸部隊の掩護にあたったことは、多くの回想録や戦記、研究書などで詳述されているから、ここでは屋上屋を架すことはしない(1)。

ただ、上官といえども、というより、上官だからこそ舌鋒鋭く批判するきらいがある辻政信(当時陸軍中佐で第二五軍参謀)でさえ、「大東亜戦争の全期間を通じて、マレイ作戦ほど、陸、海軍の協同作戦が模範的に行われた実例はなかった」と激賞していることは付け加えておこう(当時陸軍少佐で、辻と同じ第二五軍司令部の参謀を務めていた朝枝繁春の回想による。前掲『提督小澤治三郎伝』)。

しかしながら、小沢の武運は、太平洋戦争における日本のそれと同じく、この時期が絶頂であったかと思われる。昭和十七(一九四二)年七月、軍令部出仕となって、いったん南方を去った小沢が、同年十一月に空母機動部隊である第三艦隊司令長官に任命されたときには、連合艦隊はすでに見る影もないほど衰えていたのである。それが、ガダルカナルをめぐる攻防戦で、決戦兵力である航空隊の機材や搭乗員を消耗させてしまったばかりか、多数の水上艦艇を喪失した結果であることはいうまでもない。

その後、小沢は機動部隊の再建に努めた。さらに、昭和十九(一九四四)年三月、第一機動艦隊司令長官(兼第三艦隊司令長官)に就任すると、日本の艦上機の航続距離が米側の機体をうわまわっていることを生かし、相手の攻撃が届かぬ距離で先制打撃を与えることを企図する「アウトレンジ」戦法で、同年六月に生起したマリアナ沖海戦にのぞんだ。ところが、アメリカのレーダーやVT信管(「近接信管」とも。目標に電波を反射させ、それが対空砲弾の周辺を通過する際につくられた信管で、防空能力を飛躍的に向上させた）などの新兵器を駆使した迎撃により、日本の攻撃隊は大損害をこうむり（第三艦隊の艦載機のおよそ九割弱が失われたとされる）、空母「大鳳（たいほう）」、「翔鶴（しょうかく）」、「飛鷹（ひよう）」も撃沈されるという大敗を喫した。これについては、小沢が機体のカタログデータを過信し、搭乗員の技倆（ぎりょう）低下の実態を看過したためだという批判がある。

ついで、同年十月の比島沖海戦では、虎の子であるはずの空母をおとりにするという破天荒（はてんこう）な作戦で、米機動部隊主力を北方に誘引し、目標海域への水上部隊の侵入を可能にするという功績を上げたが、それも総合的な戦略を考えないあだ花にすぎなかったとする説があるのは、本稿冒頭で述べた通りだ。

昭和二十（一九四五）年五月に連合艦隊司令長官に就任してからも、有効な策を打てぬまま、八月の降伏を迎えた。

こうした諸批判は、たしかに的外れのものではなく、いずれもそれなりの説得力を持っている。

使い得なかった将器

だが、昭和十七年以降に小沢が補されたポストに、仮に別の誰かが就いたとして、はたして彼以上の戦果が上げられたかどうか。敢えていうなら、山本五十六大将が連合艦隊司令長官だった時代に、日本海軍のリソースは費消されてしまい、戦略的に有効な方策は望み得なくなっていた。そうした環境にあっては、誰がやろうと、下位次元である作戦・戦術のレベルで巧妙なわざを追求することで、上位次元の戦略レベルにおける逆転をはかるという「手品」を試みるほかないであろう。

小沢もまた、その可能性を模索したのだといえる。もちろん、そこで示された小沢の作戦・戦術次元の能力の高低は、論者によって評価が分かれるところであるけれども、けっして全否定できるものではあるまい。さらに、海軍大学校教官時代の主張や空母機動部隊の編成提言に示されたような、小沢治三郎のセンスを考えれば、もしも開戦時の連合艦隊司令長官といった戦略的権能が彼に与えられていれば、より決定的な戦果が上げられたのではないかと夢想したくもなる。

しかし、それは結局、歴史のイフにすぎない。現実を直視すれば、たとえ小沢が戦略次元の天才だったとしても、その力を自由自在に行使することを許すだけのリソースは、太平洋戦争当時の日本にはなかったことはあきらかである。

筆者には、小沢にはそうしたレベルの将器があったのではないかと思われるのだが、彼と日本海軍にとって不幸なことに、持たざる国に生まれた軍人には、実際にそうであったごとく、作戦・戦術次元の綱わたりによって、戦略次元に光明を見いだすことをめざすという選択肢しか残されてはいなかったのだ。

戦後の小沢治三郎は、敗軍の将兵を語らずの姿勢をつらぬき、昭和四十一（一九六六）年十一月九日、八十歳で世を去った。

註

（1）もっとも、小沢の下からの評判は必ずしも上々ではなかった。空母「赤城」、「蒼龍」、「翔鶴」などに乗組み、艦隊司令部信号員を務めた経験を有する橋本廣兵曹長（最終階級）は、こう記している。「艦橋当直の折、要務もないままに、リノリウム甲板を掃除していると、背後からさも邪魔だといわんばかりに、『のけ、のけ』という声がした。振り返ると、小沢少将であった。まるで奴隷にでも対するような傲然たる態度に、さすがに内心ムカッとしたのを覚えている」（橋本廣『機動部隊の栄光』）。

この種の挿話は、ほかにも散見される。小沢の下士官兵に対する態度は、たとえば、水兵の敬礼に対してもていねいに答礼したと伝えられる山本五十六あたりとは対照的だったようだ。

第八章
「猛烈に叩け、迅速に叩け、頻繁に叩け」
ウィリアム・ハルゼー・ジュニア元帥（アメリカ合衆国海軍）

「猛将」の明暗

攻撃精神旺盛(おうせい)で、敵愾心(てきがいしん)を剝(む)きだしにし、部下を死地に赴(おもむ)かせることも敢えてなすが、自らも危険に身をさらすことをためらわない。さような指揮官が「猛将」であるとするならば、米海軍元帥ウィリアム・フレデリック・ハルゼー・ジュニア(1)ほど、その呼称にふさわしい者はいないだろう。

周知のごとく、ハルゼーは、太平洋戦争前半のいまだ日本海軍が有利な態勢を保っていた時期においても、ヒットエンドランの攻撃を繰り返した。また、米海軍が優勢を獲得するや、猛攻と仮借(かしゃく)なき追撃によって、徹底的に敵を叩いたのだ。太平洋戦争において、日本海軍の指揮官には、自艦の喪失を恐れ、戦果拡張をためらう傾向があったが、それとは対照的な闘争心だったといえよう。

もっとも、われわれにとっては不幸なことに、ハルゼーの敵意は日本人に向けられていた。一九四二年十月、南太平洋方面司令官に任命されたときの記者会見での発言を示せば充分であろう。「彼〔ハルゼー〕は、戦争に勝つ処方箋(しょほうせん)を与えてくれた。『ジャップを殺せ、ジャップを殺せ、ジャップを殺しつづけろ』である」(2)(William F. Halsey/J. Bryan III, *Admiral Halsey's Story*)。

かかるハルゼーの敵対意識と攻撃精神は、彼に勝利の栄光を授けはした。しかし、同時に、そうした心性は、そのもう一つのニックネーム「雄牛(ブル)」に象徴されるような無思慮・軽率さにつながり、たとえば、レイテ沖海戦で日本空母部隊に誘引され、上陸艦隊に対する支援をおろそかにするというような失態を招いた。ゆえに、ハルゼーには艦隊を指揮する能力がなかったと酷評する向きもあるほどだ。

かくのごとき批判は、どこまで的を射ているのか。また、そのハルゼーの個性は、どのように形成されたのだろうか。

本稿では、これらの問題関心にもとづき、ハルゼーの生涯をみていきたい。

大統領推薦でアナポリスへ

ウィリアム・ハルゼー・ジュニアは、一八八二年十月三十日、ニュージャージー州エリザベスにおいて、合衆国海軍士官（最終階級大佐）の父ウィリアム・F・ハルゼーと母アン・マスターズのあいだに生まれた。

ハルゼー家は、一七世紀初頭にイングランドより移民してきた一族の後裔で、その先祖には、捕鯨船船長や英海軍の私掠船（国王や地方長官により、外国船の拿捕や略奪を行うことを許された船）船長など、海に関わる職業に就いた者が少なくなかった。ハルゼー・ジュニア自身の言葉を借りれば、「彼らの多くは航海者にして冒険者で、巨軀の荒々しい男たちだった。法律などまだるっこしいと思い、大酒飲みで粗野な言葉づかいに傾きがちだった」のである（Halsey/Bryan, *Admiral Halsey's Story*）。

ウィリアム・ハルゼー・ジュニア
（1882-1959）

少年時代のハルゼー・ジュニアは健康で、丈夫な子供だったが、一八九四年に腎炎にかかり、半年間の食事療法を強いられている。一日にミルク二杯と薄いトーストしか与えられなかったのだ。以後、彼はミルク嫌いになり、けっして飲もうとしなかったと伝えられている。

一八九七年、海軍兵学校への入学年齢である十五歳を迎えようとしていたハルゼーは、父の希望もあって、同校受験を決意した。ところが、受験に必要な連邦議会議員の推薦状が得られないまま、空しく二年が過ぎる。しかたなく、ハルゼーは、親友カール・オスターハウスが在学しているヴァージニア大学に入った。医学を学んだ上で、海軍の軍医になろうとしたのである。

だが、まわり道をする必要はなかった。学生生活も一年になろうとするころ、大統領の海軍兵学校受験者推薦枠を五人分増やすとの法案が議会を通過したのだ。母のアンは、つてをたどってウィリアム・マッキンリー大統領に面会し、息子のために推薦をもぎ取った。念願の受験資格を得たハルゼーはみごと入試に合格し、一九〇〇年秋にアナポリス海軍兵学校に入学した。

在学中はフットボールをはじめとする、さまざまなスポーツにいそしんだ。そのせいか、落第しかけたこともあったが、けんめいの勉強で盛り返し、日露戦争がはじまった年、一九〇四年二月に、六十二人中（卒業前に二十二人が学科不合格などで退校している）四十三番で卒業した。もっとも、喫煙、操行不良、脱営などでくらった罰則点は平均以上で、後年の暴れん坊ぶりをうかがわせるものがある。

ともあれ、一九〇六年に少尉に任官したハルゼーは、おおむね戦艦勤務を続けた。セオドア・ローズヴェルト大統領の命により実行された、一九〇七年から一九〇九年の「大白色（グレート・ホワイト・）

艦隊（フリート）」の世界周航にも、戦艦「カンザス」乗組で参加している。これは、アメリカの国威発揚と海軍力の示威を目的とした行動で、その名は、参加艦船が平時の白で塗られていたことにちなんでいた。

なお、「大白色艦隊」は日本にも寄港しており、その際、ハルゼーはレセプションで東郷平八郎（とうごうへいはちろう）大将に出会っている。太平洋戦争後の記述であるため、日米の激突によってかきたてられた憎悪が影響している点は割引きしなければならないが、ハルゼー回想録には、仲間の士官が日本側に胴上げの歓迎を受けたことに感謝し、東郷にも同様にお返ししたときのことについて、こう書かれている。「われわれは大きく、彼〔東郷〕は小エビのようだった。だから、優しく胴上げする代わりに、三回、高々と宙に放り上げたのだ。この先に起こることを知っていたなら、三回目に彼を受け止めたりはしなかったろうに」（Halsey/Bryan, *Admiral Halsey's Story*）。

一九〇九年、戦艦「ミズーリ」に勤務していたハルゼーは、一度に二階級進んで（米艦隊拡張にともなう士官不足ゆえの措置か）大尉となり、水雷艇「デュポン」に配置された。日本海軍でいう「水雷屋」稼業のはじまりである。以後、水雷艇隊・駆逐隊でキャリアを積み、第一次世界大戦にも従軍、海軍十字章を受けている。階級も戦争中に少佐を経て、中佐に進んでいた。

航空畑に移る

一九二二年、ハルゼーは駐独海軍武官に任ぜられた。一年後には、ノルウェー、デンマーク、スウェーデンの駐在海軍武官職も兼任している。軍服を着た外交官の側面を持つ駐在武官とは、およそ彼には向いていなかったのではないかと思われるが、さしたるエピソードは残されていない。一九二四年、ハルゼーは艦隊勤務に戻った。一九二七年には大佐に進級している。

同年、宿営艦「レイナ・メルセデス」艦長に就任したハルゼーは、第一次世界大戦で出現した新兵器である航空機に接する機会を得た。アナポリス関係者の宿舎として使われていた「レイナ・メルセデス」に、海軍兵学校の航空要員が入ったことがきっかけであった。たちまち航空機に熱中したハルゼーは、航空隊の教育課程を受けることを勧められたものの、視力検査にひっかかり、不合格となる。

だが、一九三二年に海軍大学校に入学し（一九三三年卒業）、将来のアドミラルとなることを約束されたのちも、ハルゼーの航空機への関心はやまなかった。それゆえ、一九三四年に、海軍航空局長アーネスト・キング少将（第二次世界大戦中に、合衆国艦隊司令長官兼海軍作戦部長となる人物である）から、航空偵察員課程を修了することが条件だが、空母「サラトガ」の艦長になる気があるかと打診されたことは渡りに船だった。

とはいえ、ハルゼーは、より容易な航空偵察員課程よりも、十二週間の海軍航空士課程の受講を選んだ。「負傷する、さもなくば人事不省におちいるかもしれないパイロットの思いのままになって座っているよりも、自分で航空機を飛ばせるようになるほうがましだ」というのが、その言い分である（Halsey/Bryan, *Admiral Halsey's Story*）。ハルゼー五十一歳の挑戦であった。

厳しい要求に辟易（へきえき）しながらも、彼はこの試練に打ち勝った。一九三五年、海軍航空士課程を修了したハルゼーは、空母「サラトガ」艦長となったのである。以後、ペンサコラ海軍航空隊基地司令、空母戦隊司令官、航空戦闘部隊司令官などの職を歴任、一九三八年に少将、一九四〇年には中将に進級した。

太平洋戦争でのハルゼーの活躍を考えれば、米海軍は得がたい人材を確保したといってよかろう。

ヒットエンドラン

一九四一年十二月八日（現地時間七日）、真珠湾攻撃が実行された際、第二空母戦隊司令官に補せられていたハルゼーが、その付近の海域にいたことはよく知られている。隷下（れいか）の空母「エンタープライズ」によるウェーク島への航空機輸送任務に従事していたのだ。空母こそ、将来の海戦の主役となるとすでに確信していたハルゼーは、皮肉にも仇敵（きゅうてき）日本海軍が自説を証明してくれたことを知ったのである。

以後、「雄牛」は、太平洋艦隊主力の潰滅（かいめつ）に意気消沈する米海軍将兵を奮い立たせ、反撃に転じさせる発動機となっていく。真珠湾攻撃で、彼我の兵力差が開き、西太平洋上の要衝をつぎつぎと失陥していくなか、ハルゼーはあきらめなかった。

日本の連合艦隊と正面から勝負し得るまでに、米太平洋艦隊が回復するにはまだ時間がかかるかもしれない。だが、空母の高速と打撃力を生かし、日本軍の基地をヒットエンドラン式に叩いていくことは可能である。

そう考えたハルゼーは、空母「エンタープライズ」に将旗を掲げ、一九四二年二月から三月にかけて、ギルバート諸島、マーシャル諸島、占領されたウェーク島などの日本軍基地を空襲してまわった。この一連の冒険的な攻撃行のクライマックスは、同年四月十八日のドゥーリットル空襲であったろう。空母「ホーネット」の飛行甲板に陸軍のB－25双発爆撃機を露天繋留したまま西進したハルゼー機動部隊は、それらを発進させ、初の日本本土空襲を実行したのである。この攻撃隊は、米陸軍航空軍のジェイムズ・ドゥーリットル中佐の指揮のもと、帝都東京をはじめとする日本各地を爆撃、大陸に抜けて中国国民政府軍の支配地域に逃れた（一部、日本軍占領地に不時着した機もあり）。日本の指導者たちに大きな衝撃を与えた空襲であった。空母主兵論者ハルゼーの面目躍如たる作戦だったといえる。

そのころ、ハルゼーがおのれのスローガンとしていたのは、「猛烈に叩け、迅速に叩け、頻繁に叩け」というものだったが、まさにその通りのヒットエンドランが実行されたのである。

突進する猛将

しかし、意気揚々とハワイに戻ったハルゼーを不運が襲った。およそ半年にわたって、ほとんどの時間を艦橋で過ごしたのが祟(たた)ったのか、重い皮膚病にかかり、勤務不能となったのだ。そのため、来るべきミッドウェイ海戦での機動部隊指揮という晴れ舞台をレイモンド・A・スプルーアンス少将に譲って、自分は療養に専念するはめとなった。

空母「ホーネット」艦上で出撃を待つドゥーリットル爆撃隊

けれども、「雄牛」が、そのまま放っておかれるはずもない。一九四二年十月、ハルゼーは南太平洋方面司令官に補せられた。与えられた任務は、日本陸海軍との死闘の舞台となっていたガダルカナル方面の作戦指揮であり、同島の確保維持であることはいうまでもない。

以後のハルゼーの指揮は、アグレッシヴの一語に尽きる。すでに触れたように、当時の日本海軍の指揮官たちには艦船の喪失を過度にためらう傾向があったが、ハルゼーは大損害を受けても意に介さず、積極的な手を打つのが常であった。

たとえば、一九四二年十月の南太平洋海戦では、「ホーネット」が撃沈され、一時、米太平洋艦隊に使用可能な空母なしという深刻な事態になったにもかかわらず、ハルゼーは応急修理をほどこしただけで「エンタープライズ」を出撃させ、艦隊の航空戦力を維持している。十一月の第三次ソロモン海戦でも、新鋭戦艦「ワシントン」と「サウス・ダコタ」を惜しみなく投入、勝利を得たのだ。

こうした活躍により、一九四二年十一月に大将に進級したハルゼーは、これ以降の太平洋における破竹の進撃を支援することになる。ハルゼーが指揮するときには第三艦隊、スプルーアンスに交代すれば第五艦隊と称するとの変則的措置を取った米機動部隊は、ギルバート諸島の防衛線の突破、マリアナ諸島攻略など、つぎつぎに成果を上げていく。

二つの失敗

しかし、続く一九四四年十月のレイテ沖海戦で、ハルゼーは大きなミスを犯した。よく知られているように、ハルゼーは、レイテ上陸部隊の掩護を主任務としていたにもかかわらず、日本機動部隊発見の報に勇みたち、これを撃滅するため、第三艦隊を北上させてしまった。その結果、あわや戦艦「大和（やまと）」以下の日本水上艦隊がレイテ湾に突入しかねないような事態を招いたのである。

この決断について、ハルゼーはのちに、日本機動部隊の完全な撃滅こそ最重要の目的だったのだから、間違いではなかったと主張している。だが、日本機動部隊が空母四隻を有するのみで、しかも、その艦載機はわずか百二十機ほどにすぎなかったという事実に鑑みれば、それが過剰な兵力集中だったのはあきらかであった。つまり、ハルゼーが戦略目標の軽重を見誤ったことは否定できないだろう。

さらに、ハルゼーは、自然との「戦い」にも敗れた。一九四四年十二月十七日、つぎの作戦のために給油と補給を必要としていた第三艦隊を、台風の進路予測を誤り、そのただ中に突っ込ませてしまったのだ。嵐に翻弄された第三艦隊は、駆逐艦三隻、航空機百四十六機を失い、八百二名の将兵が死亡・行方不明となった。この事件については、調査委員会が結成され、太平洋艦隊司令長官チェスター・W・ニミッツ元帥出席のもとで審問が行われた。その結論は、ハルゼーには、航路の選定を誤り、台風に向かったことへの責任はあるけれども、処罰には当たらないというものであった(3)。

かくて解任をまぬがれたハルゼーは、スプルーアンスと交代で空母機動部隊を駆り、台湾やルソン島、日本本土への空襲を実行した。一九四五年八月十五日、勝利の日を迎えたハルゼーは、同年十二月に元帥に進級、一九四七年に退役した。ただし、元帥の階級にある者は生涯現役との規則があるため、書類上・儀礼上はなお海軍軍人の身分を保っていたのである。

一九五九年八月十六日、ハルゼーは静養先のニューヨーク州フィッシャーズ島で、心臓発作に襲われ、他界した。七十六年の生涯であった。

かくのごとく、ハルゼーの闘争心にみちみちた指揮のあり方は、毀誉褒貶（きよほうへん）にさらされている。事実、レイテ沖海戦の「雄牛」ぶりなどは、批判されてもしかたないものであろう。しかしながら、同じハルゼーの指揮統率が、あるときは称賛され、あるときは酷評されるのは、当時のアメリカが経験した戦略・作戦環境の変化が作用しているように、筆者には思われる。

いわゆる「アメリカの戦争流儀（アメリカン・ウェイ・オヴ・ウォー）」は本来、その有り余るリソースを効率的に配分・使用し、リスクを最小限にしつつ、戦略目的を達成するという特徴を持っていた。それが、真珠湾攻撃以後の一時的劣勢ゆえに、作戦・戦術次元の奮闘により、戦略次元の主導権を取り戻すことを強いられたのである。

かかる状況下にあって、ハルゼーのファイティング・スピリットにもとづく指揮は、たとえ巧緻（こうち）ではなかったにせよ、アメリカを支えることに、おおいに貢献したのであった。けれども、アメリカの戦争機構（ウォー・マシーン）が動きだし、圧倒的な戦力を構築しはじめると、それらのマネージメントのほうが重要になり、作戦・戦術次元に軸足を置く指揮官は、不要とはいわないまでも、適任ではなくなる。一九四四年にハルゼーが犯した二つのミスは、このような変化についていけなかったからではないだろうか。

ハルゼーの指揮が明と暗に二分されるのも、ゆえなきことではないのである。

註

（1） 原音主義をつらぬくならば、Halsey のカナ表記は「ホールジー」になるかと思われるが、本稿では、日本で流布している「ハルゼー」を採用する。

（2） はなはだポリティカル・コレクトネスに反するせりふではあるが、歴史的文章であるため、敢えてそのまま引用した。

（3） 実は、一九四五年六月にも、ハルゼー艦隊は台風に遭遇し、人員の損害を出している。このときにも海軍調査委員会が結成され、ハルゼーの配置を変えるべきだとの意見が出されたものの、ニミッツは過去の業績を理由に不問に付した。

第九章

「これが実現は内外の情勢に鑑み、現当局者にては見込つかず」

酒井鎬次中将（日本陸軍）

「戦争指導」を追求した将軍

すでに一九世紀に観察されるようになっていた戦争の変化が、第一次世界大戦で明瞭となったことはよく知られている。それまで、戦争の帰趨を定めていたのは、戦場における軍隊の衝突とその結果であったが、国民国家の成立と経済的近代化、戦争目的のイデオロギー化等のさまざまな作用を受けて、戦争は、いわゆる「総力戦」となった。国民と国民が、国力を注いでしのぎを削り、人的・物的資源のはなはだしい消耗に耐え抜いた側が勝利者として残るという、より凄惨な形態を取ることになったのである。

それにしたがい、戦争をいかに指揮するかとの命題も変わらざるを得なかった。陸上で会戦の勝利を得る、あるいは洋上の艦隊決戦で敵主力を撃破するといった作戦・戦術的な目標追求のみならず、国家のリソースを戦力化するための政治的・社会的・経済的な方策を講じる、すなわち「戦争指導」の必要がクローズアップされたのだ。そのためには、従来のごとき政治指導部と軍事指導部の並立と協力では充分ではなく、政軍一体となって戦争を遂行することが求められた。

むろん、日本陸海軍も例外ではない。なるほど、第一次世界大戦に参戦したとはいえ、海上交通の護衛、ドイツの極東における植民地攻略程度の軍事行動を実施するにとどまり、本格的な総力戦を経験するには至らなかった。さりながら、ヨーロッパの戦場に観戦武官を派遣し、情報の収集に努めた結果、日本陸海軍も、総力戦が国家体制にどれだけすさまじい負荷を与えるか、これに対応するには、単なる軍事戦略策定にとどまらぬ戦争指導が不可欠であるとの認識を得ていたのである。

だが、周知のごとく、日本は根本的な制度改革に踏み切り、政治と軍事を統合する戦争指導を確立することができなかった。日中戦争から太平洋戦争へと、なしくずしに戦争が拡大し、否応（いやおう）なしに総力戦に突入することになっても、さなきだに乏しいリソースを効率的に運用し、戦闘ではなく、戦争の勝利を獲得するための態勢はととのえられなかったのだ。政府と統帥部（大本営）が並行的にそれぞれの戦争を遂行し、あまつさえ陸海軍指導部のあいだにも顕著な対立が存在していたという事実は、そうした失敗を端的に示しているといえよう。

しかし、ここに一人、かかる停滞と後進性を憂い、近代的な戦争指導を求めて、ついには戦時宰相東條英機の更迭を画策した人物がいる。陸軍きっての知性派とみなされていた酒井鎬次だ。彼の言動は、総力戦を遂行するだけの戦争指導をなし得なかった昭和日本の問題点を剔抉しているように思われる。以下、酒井の生涯を追い、その歴史的な意味を考えてみたい。

恩賜の銀時計と軍刀

その昔、徳川家康の重臣だった酒井忠次を先祖に持つ愛知県の名家の当主で、農業を営んでいた鐘之助が次男坊を授かったのは、明治十八（一八八五）年十一月四日のことであった。この鎬次と名付けられた男の子は、幼いころから利発であるとの評判を取っていたが、長じるにつれ、その俊秀ぶりがはっきりとしてきた。軍人を志し、第二中学校、のちの岡崎中学（旧制）卒業後、名古屋陸軍地方幼年学校、中央幼年学校[1]（東京）を経て、陸軍士官学校に入学、第一八期生徒となった酒井鎬次は、明治三十八（一九〇五）年十一月、九百二十名の同期生中二番の優等で卒業し、恩賜の銀時計を授か

酒井鎬次（1885-1973）

ったのである。

少尉に任官し、近衛歩兵第四連隊付となった酒井は、出世街道を驀進（ばくしん）した。明治四十一（一九〇八）年に中尉に進級、その翌年には高級将校養成機関である陸軍大学校に合格した（二四期）。大正元（一九一二）年の卒業時には、やはり優等の評価を得て、恩賜の軍刀を受けている。天皇より賜った銀時計と軍刀を二つながらに備えるエリート将校の誕生であった。

以後、酒井は、陸士・陸大を抜群（ばつぐん）の成績で出た者ならではの、華々しい配置を経験していった。とくにフランス駐在が長く、第一次世界大戦とその影響を実見し得る立場にあったことは、彼が戦争指導というあらたな重要問題に開眼（かいがん）する上で非常に重要であったと思われる。

この時期の酒井の主たる経歴を概観しておこう。大正二（一九一三）年より陸軍省軍務局付勤務、大正四（一九一五）年より七（一九一八）年、つまり第一次世界大戦を通じてフランス駐在（滞仏中の大正四年に大尉進級）だった。その後、参謀本部員となったものの、同本部付の身分で「平和条約実施委員」としてヨーロッパ駐在。

こうした長期の外国勤務中、大正十（一九二一）年に少佐に進級した酒井は、帰朝後の同十二（一九二三）年、陸軍大学校教官に補せられた。大正十四（一九二五）年には中佐に進級。ところが、昭和二（一九二七）年に「国際連盟陸軍代表随員」となり、再び欧州の地を踏むことになる。結局、日本に腰を落ち着けるのは、昭和四（一九二九）年、大佐に進級し、歩兵第二三連隊長を命じられるまで待たなければならなかった。

しかし、昭和六（一九三一）年より九（一九三四）年まで、陸軍大学校教官・研究部主事を務めた酒井は水を得た魚のように、将来の将軍たちに対し、総力戦の実際、戦争指導の要諦など、新しい用兵思想を説いた。政治と軍事を分離・並立するものと理解するのが一般的であった、当時の陸軍将校にとっては、おそらく衝撃的な講義であったろう。酒井が、陸軍きっての知性派とみなされるようになったのも、理の当然というべきか。階級も昭和九年に少将となり、将軍の仲間入りを果たしている。

ちなみに、陸上自衛隊幹部学校の教官であり、軍事思想史を研究していた浅野祐吾（あさのゆうご）は、「若（も）し『学将』という名称があるとするならば、酒井鎬次将軍こそは明治陸軍の夫（そ）れ（ママ）に最（もっと）もふさわしい型の（ママ）一人ではなかろうか」と評している（浅野祐吾「酒井鎬次略歴」、J・H・モルダック『連合軍反撃せよ』所収）。

独立混成第一旅団長

その酒井に、最先端の部隊がゆだねられるときが来た。

昭和十二（一九三七）年、歩兵第二四旅団長に転じていた酒井は、あらためて独立混成第一旅団長に補せられたのである。

この独立混成第一旅団、略称「独混一旅（どくこんいちりょ）」は、日本陸軍機械化の実験部隊ともいうべき、尖鋭的な存在だった。日本陸軍は、新兵器である戦車に注目、第一次世界大戦直後に、英仏から

A型ホイペットやルノーFT17などを購入した。こうして産声を上げた日本戦車隊は、国産戦車の制式採用などの発展を遂げ、昭和九年、ついに最初の諸兵科連合機械化部隊である独混一旅を満洲の地に新編するまでとなったのだ。やがて独混一旅は、戦車二個大隊、自動車化歩兵一個連隊、機動砲兵一個大隊、工兵隊を隷下に置くようになり、当時の世界水準に照らしても見劣りしない機甲部隊に成長する。その三代目旅団長として迎えられたのが、酒井鎬次だったのである。[2]

独混一旅は、この新旅団長のもとで、すぐに大規模な作戦に投入されることになった。昭和十二年七月七日、盧溝橋で発生した日中両軍の衝突が、宣戦布告なき戦争に拡大するのをみた関東軍は、華北、蒙疆（現在の内モンゴル自治区の中部地域に相当する）方面の兵力を増強、また内蒙古方面に進出しつつある中国国民政府軍を撃退するとの方針を決め、独混一旅に出動を命じたのだ。独混一旅は、北平（現北京）周辺の掃討戦や通州で起こった冀東防共自治政府保安隊の反乱（通州事件）鎮圧などの任にあたったのち、蒙疆方面作戦に投入される。

かくて、日本初の機甲部隊に功名を立てる舞台が与えられたのであったが——。

東條英機との対立

昭和十二年八月十九日、河北省張家口の北およそ十キロの地点にある張北飛行場に、関東軍参謀長東條英機中将が到着した。彼が意図していたのは、軍隊の仕組みを無視した、参謀長の直接指揮であった。参謀長の職掌は、軍司令官を補佐し、助言することにある。もちろん、麾下部隊の指揮権などは有していない。ところが、このときの東條は、関東軍司令官植田謙吉大将の名を借りて、自ら関東軍蒙疆派遣部隊（独混一旅もその指揮下にある）を直率し、これを「東條兵団」（当時、そのように称された）としたのであった。

まさしく、参謀の専横であり、本来ならば軍法会議にかけられるような越権行為である。だが、関東軍を牛耳っていた東條を諫めるものはおらず、彼は思いのままに蒙疆派遣部隊を指揮していく。その過程で、酒井中将（昭和十二年八月進級）は、東條の能力に対する疑問と不信をつよめていくことになった。

東條は、集中使用してこそ効果があるはずの独混一旅を分散させ、他部隊の支援に当てたのだ。たとえば、張家口西北方の敵陣地攻略後、大同へ向かって進撃する際、攻撃の尖兵となった支隊への増援として、独混一旅の歩兵、戦車、砲兵、工兵を分派せよと命じたのだ。酒井旅団長の手元に残されたのは、わずか工兵一個小隊だったというから、彼が激怒したのも無理はない。独混一旅の将兵は、「張北バラバラ事件」と陰口を叩いたという。

当時の酒井の言動について、自らも陸軍軍人であり、日本陸軍機甲部隊史を著した加登川幸太郎の文章を引こう。隷下部隊の自由な運用を封じられた酒井の憤懣をよく表していると思われる。

「旅団長の酒井鎬次将軍は学識高いことで有名で、陸軍大学校の兵学教官などを長く勤めた人であったから、上級司令部の参謀などの多くはその教え子であった。それに将軍の性格もあって『あのバカ者がこんな命令をよこす』と気に入らないのである。旅団の戦力をあちこちに分散、派遣の命令がくる。原則に外れる。『判っておらん』と御機嫌ななめである」（加登川幸太郎『増補改訂　帝国陸軍機甲部隊』）。

以後、東條兵団が大同に入城し、作戦が終了するまで、独混一旅は機甲部隊として有機的に運用されることなく、分散投入されたままで終わった。酒井に教えを受けた「受業の弟子」こと、歴史学者角田順が著した批判の文章を引こう。

「同年〔昭和十二年〕七月勃発した日華事変の緒戦たる平津掃蕩戦において酒井兵団は予期通りその機動力と機甲力とを発揮したが、次いで時の関東軍の東条参謀長が自ら蒙疆作戦を指揮するに至って、東条は先生が教義書において指示した機械化部隊の大胆な戦略的使用の理を解しえず、この我国唯一の虎の児兵団を一貫して歩兵部隊の補助任務に転々使用して徒らに奔命に疲れさせたのであった」（角田順「酒井鎬次先生行録」、前掲『連合軍反撃せよ』所収）。

ところが、こうした運用の結果[3]、充分な機動力を発揮できなかった独混一旅は、その威力を疑問視されることになり、昭和十三（一九三八）年八月、解隊の憂き目に遭う。酒井も同年三月には留守第七師団長に転じていた。

かかる顚末に、酒井が東條に対する不信と瞋恚をつのらせていったであろうことは、容易に推測できる。後年の東條内閣打倒の試みにつながる対立が芽生えたのである。

近衛文麿の知遇を得る

ついで、酒井は昭和十四（一九三九）年に第一〇九師団長に補せられたが、そのわずか三か月後に参謀本部付となり、翌十五（一九四〇）年には予備役に編入された。恩賜の銀時計と軍刀を持つ将軍としては、いささか寂しいキャリアといえるが、その陰には、独混一旅運用の失敗、さらには、陸軍内部ばかりか、政界においても影響力を増しつつある東條英機との確執があったのかもしれない。

「独混一旅」の主力をなした八九式中戦車

ともあれ、現役をしりぞいた酒井は、用兵思想や戦争指導の研究に没頭した。その成果は、立命館大学の国防学研究所での講義や、昭和十六（一九四一）年から十八（一九四三）年にかけて上梓（じょうし）された『戦争指導の実際』、『現代戦争論』、『現代用兵論』、『戦争類型史論』など多数の著書に示されている。

なお、日米開戦に際会した酒井は、陸軍中央部に対し、「蘭印（らんいん）〔オランダ領東インド、現在のインドネシアにあたる〕占領を以て和平を図るべし」と忠言したものの、「南方占領に浮かれ気味の中央部」では、ほとんど誰も耳を貸そうとしなかったという（前掲「酒井鎬次先生行録」）。

しかし、この間にも、首相兼陸軍大臣となり、さらには陸軍参謀総長も兼任して、絶大なる権力を握った東條英機の施策に対する、酒井の不満と苛立ちは高まるばかりであった。昭和十九（一九四四）年に、フランスの史書『戦ふクレマンソー内閣』（戦後、『連合軍反撃せよ』として復刊）を訳出したのも、第一次世界大戦のクレマンソー政権による戦争指導を称賛することで、東條内閣の無能を間接的に批判する意図があったといわれる。

また、酒井は昭和十八年に召集され、参謀本部付で顧問的な役割に就いているが、この人事についても、陸軍中央部にあって東條の独走を危惧する分子が運動した可能性があろう。

実際、当時の酒井は、弾圧を警戒してか、和平論を公言したりはしていなかったが[4]、二度にわたって首相の印綬を帯びたことのある東條の政敵、近衛文麿公爵に接近していた。近衛の知遇を得た経緯については、やや長くなるが、いかにも酒井らしい語り口でなされた戦後の談話を引こう。

「私は、安井英次氏〔安井英二。近衛の第一次内閣で文部大臣、第二次内閣では内務大臣兼厚生大臣〕が逢いたいという事から、次第に親しくなり、当時私が早く和平をやらねばいかんという事を言っていたのが、安井氏を通して〔近衛〕公の耳に入ったらしい。私は公の事を『あんな関白は駄目だ。天下の智慧者を集めて、いろいろ聞いていながら、何一つ出来ずにいる』

と言って、大した期待ももっていなかった。

しかし安井氏が、『あなたに是非逢いたいと公が言っておられるから逢ってくれ』と強って言われるので、それなら一つ逢ってやろう、と言って、十七〔一九四二〕年八月初めて軽井沢に出掛けて行って逢った。

私は挨拶が終るや、酒をくれと言って、酒の勢をかりて、どんどんと公にあたっていった。『三国同盟を結んだ張本人はあなただ。三国同盟が因をなして、日米戦争になったのだから、あなたは責任をとって、一時も早くこの戦争を解決すべきだ。』と強く言ったのである。公は悲痛な面持で真面目にそれを弁解していた。この言葉がよほど公にきいたと見え、死ぬ時まで気にしておられた。

私は公のこの真面目な態度にとうとうほれ込んで、それ以来親しくつきあうようになった。あとで聞いた話だが、公は私の事を『いやはや大変な乱暴者だな』と言っていたとの事である」(『諸家追憶談　近衛文麿内閣関係者が語る』)。

倒閣運動

こうして近衛を通じた影響力を得たこともあって、酒井はひそかに和平運動に踏み込んでいく。ことの性質上、かような活動の実態をあきらかにすることは困難であるけれども、たとえば『近衛日記』の一節は、酒井が相当危険な領域に踏み込んでいたことを示唆している。以下、適宜引用・要約する。

昭和十九（一九四四）年六月二十八日、近衛を訪ねた酒井は、「これは東條総長へは極秘に願う。総長に知れれば直ちに報復せられるであろう」と前置きした上で、今後取るべき施策について進言した。

「第一、今や戦争指導方針の大転換を要する秋となれり。

第二、これが実現は内外の情勢に鑑み、現当局者にては見込つかず。

第三、新方針は急速に戦争を終末に導くにあり。これがために一方我抗戦力を厳存するとともに、他方一大決断をもって平和条件を低下すること必要なり」。

すなわち酒井は、戦争指導のあり方を改善し、和平にこぎつけることが肝要であり、そのためには東條英機を失脚させなければならないと断じたのであった。酒井の覚悟のほどが感じられる文言であろう。

酒井の願いがかなえられるまで、そう時間はかからなかった。昭和十九年七月十八日、サイパン陥落を受けて、内閣は総辞職する。東條自身も退役し、予備役大将となった。けれども、倒閣運動に関わった酒井も無傷ではすまない。東條退陣の直後に召集解除され、彼もまた退役軍人に戻ったのである。

だが、和平への熱望は止まず、酒井は近衛のいわばブレーンとして活動した。昭和二十（一九四五）年に、近衛をモスクワに派遣し、ソ連の仲介によって戦争を終結にみちびこうとする試みが模索されたときにも、交渉の「要綱」ならびに「説明」作成に深く関わっている（もっとも、酒井は個人的にはソ連を仲介者とすることに強く反対していた）。

戦後の酒井については、結局は私案に終わった近衛の新憲法草案作成に協力した等のエピソードもあるけれども、おおむね政治と関わることなく余生を過ごした。あらためて戦争指導の研究にいそしみ、七十歳近くになるまで、防衛庁防衛研修所（当時）で講義を持っていたと伝えられる。

その後もなお、酒井は長寿を得たが、昭和四十八（一九七三）年三月二日、八十七歳でこの世を去った。葬儀は四谷（よつや）浄運寺（じょううんじ）にて営まれ、ごく簡素なものだったという。

かくのごとく、酒井鎬次の生涯は、持たざる国が総力戦を実行し、そのための戦争指導態勢をととのえることの困難を象徴していたといえる。当然のことながら、酒井の認識とそれにもとづく努力は、国力の限界や社会的・制度的制約に阻まれて（彼にしてみれば、東條英機はそうした矛盾を体現しているかのように思われたことだろう）、実現をみなかった。結局、酒井も、東條内閣打倒により、旧態依然たる戦略策定態勢にストップをかけることしかできず、日本は有効な戦争指導を欠いたまま、敗戦に向かってひた走ることになったのである。

註

（1） 幼年学校は、プロイセン陸軍の制度を模して、エリート士官養成の目的で設立された機関。酒井の時代には、東京、仙台、名古屋、大阪、広島、熊本に置かれた地方幼年学校で三年、東京の中央幼年学校で一年八か月学び、大多数の生徒が陸軍士官学校に進んだ。

（2） 初代旅団長は藤田進少将、二代目旅団長は篠塚義男少将。独混一旅は、藤田旅団長時代に「匪賊」討伐、篠塚旅団長時代に満洲国とソ連・外蒙古の国境付近での紛争に参加、実戦を経験した。後者、昭和十一（一九三六）年にタウラン付近で生じた紛争では、独混一旅が投入した軽装甲車を中心とする小規模な支隊が、外蒙古軍の装甲自動車隊に包囲され、軽装甲車二輛大破、自動貨車（トラック）のほとんどが損傷するという、芳しからざる結果に終わった。

独混一旅が装備していた九四式軽装甲車（「軽装甲車」と称されてはいるが、キャタピラ装備で、実質的には軽戦車）の武装は機関銃のみだったから、大砲を装備した外蒙古軍の装甲自動車に圧倒されてしまったのである。

（3） もっとも、幹部自衛官で、軍事史を専攻する「軍人研究者」齋藤大介によれば、こうした運用への不満は、独混一旅関係者内にとどまっていたという。独混一旅は機甲部隊としては「使い勝手」が悪く、求められた機動性を発揮できなかったことが、陸軍内部の「機械化部隊不要論」を勢いづかせる方向に作用したと、齋藤は指摘している（齋藤大介「日本陸軍の機械化の特質――戦間期における軍備上の趨勢への対応――」、防衛大学校総合安全保障研究科学位請求論文）。

（4）　昭和十七年七月、酒井が「皇道派」（第十章参照）の諸将とともに和平を画策しているとの風説が流れ、東條の耳にも入っていた。酒井は戦後の回想で、そのような噂があったこと自体知らなかったし、具体的な和平運動にも手を染めていなかったと述べている（黒澤郁美「軍人酒井鎬次の政治的生涯」／『戦史叢書　大本営陸軍部〈5〉』）。しかしながら、それまでの確執から思えば、酒井が東條の動きを警戒していなかったとは考えにくい。

第十章

「おい、あの将校に風呂を沸かしてやれ」山下奉文大将（日本陸軍）

猛将か能吏か

軍事的ロマンを求める向きにとってはあいにくなことに、太平洋戦争における日本陸軍は、古典的な将帥像に近い司令官をほとんど持たなかった。日露戦争緒戦の鴨緑江渡河戦時の黒木為楨大将、あるいは旅順攻略を遂行した乃木希典大将のごとく、馬上にあって戦況の推移をつぶさに睨み、大軍を自在に動かして戦機をつかんで勝利を収めるといったありようは影をひそめてしまったのである。

むろん、それは、個々の将器の問題ではない。第一次世界大戦以降の変化により、戦争がリソースの適切な運用の競争、スタッフワークの激突の様相を呈するようになり、作戦・戦術次元で歴史的個性が影響をおよぼす余地が狭められたことを反映しているのであろう。
さはさりながら、そうした昔日の将帥のオーラを放つ軍人が皆無であったというわけではない。シンガポール攻略の大功を立てて「マレーの虎」と称賛され、また、困難なフィリピン防衛戦を遂行した山下奉文大将などは、その典型例であろう。大兵肥満の豪傑、能く部下を鼓舞して死地に赴かしめ、猛気烈々、敵を圧倒するといったところが、おおかたが山下に抱くイメージのはずだ。

ところが、シンガポールやフィリピンの戦歴が放つ赫奕たる閃光にいったん遮光板を当て、虚心坦懐に山下の生涯を追ってみると、豪放磊落とは程遠い、緻密で神経質な人となりがはっきりと見て取れる。前半生のキャリアをながめても、部隊勤務より、軍政畑の配置が多く、「野戦の猛将」ではなく「治世の能吏」が彼の本領ではなかったかという印象さえ感じられるのである。

結論を先取りしていうと、この山下の矛盾、軍政畑の俊秀であるべき人材が戦場の指揮官としての使命と将才を与えられたことに、彼の栄光と悲惨の因って来たるゆえんがあったのではないかと思われるのだが――。

巨杉の申し子

早回りはせず、まずは山下奉文の人生を再検討してみよう。

山下奉文は、明治十八（一八八五）年十一月八日、医師である父佐吉と農業を営む森田家から嫁いできた母由宇の次男として、高知県香美郡暁霞村（現香美市）に生を享けた。奉文は、のちに身長約百七十四センチ、体重九十四キロと恰幅豊かな大男に成長するが、これは大柄の男女が多かった母方の血を引いたらしく、自身「わしのからだの大きいのは母親似でね」と述べていたという（沖修二『山下奉文』）。実際、母親の胎内で十二分に成長してから生まれ出でた赤子らしく、誕生の翌日に布団から這いだして、部屋の敷居まで行ったという真偽不明の逸話が残されている。

その奉文が、おそらくは人格の陶冶の上で大きな影響を受けたであろう風景に初めて接したのは三歳のころ、明治二十一（一八八八）年に、父が医院を開業した小村、高知県長岡郡大杉村（現大豊町）に移ったときであった。地名が示すごとく、その村の南端には、樹齢三千年とされる大杉があったのだ。この根回り約二十九メートル、高さ六十四メートルの杉に、よほど感銘を受けたのか、奉文は長じて「巨杉」を自らの雅号として用いている。彼の顕彰会の名称も「巨杉

山下奉文（1885–1946）

会」であった。[1]

こうした環境ですくすくと成長した奉文にとって、模範となったのは、三つ年上の秀才で知られた兄奉表(ともよし)であったようだ。「自分がもう少し頭がよかったら、父や兄と同じく医者になっていたろう」(奉表は長じて海軍の軍医となり、軍医少将にまで進んだ)というのが、奉文の述懐である(沖前掲書)。

奉文の謙遜(けんそん)通りの事情があったとは思えないが、暁霞尋常小学校、韮生(にろう)高等小学校と進んでいくうちに、父の勧めもあって、陸軍軍人を志したものと思われる。韮生高等小学校時代、先生に「お前ら将来何になるが希望か」と尋ねられた生徒たちがつぎつぎと答えていくなか、奉文だけが黙っている。そこで先生が重ねて聞くと、奉文はすっくと立ち上がり、「陸軍大将っ!」と一言放ったとのエピソードが残されている(安岡正隆『山下奉文正伝』)。

もっとも、医師である父こそ村の尊敬を集めていたものの、山下家の内実は苦しく、奉文の進学も危ぶまれたが、母方の叔父の援助もあり、明治三十二(一八九九)年、土佐(とさ)藩主山内豊範(やまうちとよのり)が設立した名門海南(かいなん)学校(旧制海南中学)への入学が可能となる。海南学校の方針は、軍人志願の生徒を集め、将来の将校たるにふさわしい精神を叩きこむというものだったから、陸軍大将になりたいという奉文の希望の帆は追い風を受けることになった。

明治三十三(一九〇〇)年九月、みごと入学試験に合格した山下奉文は、広島陸軍地方幼年学校生徒となった。三年後には中央幼年学校(東京)に進み、明治三十七(一九〇四)年には、陸軍士官学校に入学、第一八期生徒となった（翌明治三十八年卒業）。明治三十九（一九〇六）年には少尉に任官、歩兵第一一連隊付となっている。このころには、山下はまさに巨杉の申し子ともいうべき堂々たる体軀を備えるようになっており、威風あたりを払う青年将校だったと伝えられている。

気ばたらきの武人

以後、清国駐屯軍歩兵中隊付、陸軍戸山学校教導大隊付などを経験した山下は、明治四十五（大正元年、一九一二）年、陸軍の高級幹部となるための関門である陸軍大学校入学をめざした。最初の受験は失敗したものの、大正二（一九一三）年にはみごと合格、古巣の歩兵第一一連隊付の身分で、陸大学生（二八期）となった。同五（一九一六）年の卒業時には、群を抜いた存在となっており、席次六番で恩賜の軍刀を授けられた。まずは将来を約束されたといってよい。

ただ、太平洋戦争中の軍歴からは意外に思われることに、陸大卒業後の山下は、主として情報畑を歩むことになった。歩兵第一一連隊の中隊長を務めてから参謀本部に異動、第二（情報）部ドイツ班で研鑽を積んだのち、ヨーロッパ勤務に送り出されたのである。

大正八（一九一九）年のスイス勤務を振りだしに、ドイツなどに駐在した山下は、帰国後、陸軍省軍務局課員や陸軍大学校教官を歴任したが、昭和二（一九二七）年にはオーストリア大使館兼ハンガリー公使館付武官として、再び欧州に旅立った。このころの挿話としては、明治期にオーストリアの名家に嫁いだクーデンホーフ光子夫人の知遇を得て、親しく行き来していたことが伝えられている。

こうした華やかな勤務を経て、昭和四（一九二九）年に帰国、大佐に進級した山下は、一年ほど兵器本廠付を務めてから、歩兵第三連隊長に補せられた。この時代の山下は、巨体からの連想か、「歩兵砲」とあだ名されたというが、反面、営内巡視の綿密さや当番兵をはじめとする下級者への心配りなど、細心な性格の持ち主であることを印象づけた。そのような、いわゆる人情連隊長的な逸話は多数あるのだけれども、ここでは、よりシンボリックな談話を引用しておきたい。

山下は、大正六（一九一七）年に、永山元彦陸軍少将の長女を娶っている。そうして妻となった久子は回想する。

「実家がお医者だからでしょうか、食べ物も、ちょっと汚ないと決して手をつけませんでしたね。イチゴは、いまのように消毒が便利でないので、結婚いらい、一度も食べさせてもらえませんでした。夏になって氷水食べたいなと思っても、汚ない、といってダメ。もし、ハエが一匹でも飛んでこようものなら、そりゃあ、たいへんな騒ぎでございましたねェ」（児島襄『史説　山下奉文』）。

かかる神経質な心性は、山下の場合、対人関係における過剰なまでの気ばたらき、調整志向となって現れた。二・二六事件での山下の言動は、そのような視点から解釈することができるだろう。

昭和天皇の不興を買う

昭和七（一九三二）年、山下は陸軍省軍事課長の要職に補せられた。陸軍中央の機能は、軍政（軍事行政）と軍令（戦略・作戦の策定）と二つに大別されるが、軍事課長は前者の出世コースの一階梯（いちかいてい）で、将来の陸軍大臣も夢ではない、重要なポストである。この職にあって、山下は辣腕（らつわん）を振るい、他省庁との折衝やマスコミ対策も含む多岐にわたる任務を十二分に果たした。だが、そのように政治に関わらざるを得ない職務に就いたがゆえに、山下は時代の激流に翻弄されることになる。「皇道派」と「統制派」の対立だ。

この両者については、当時そのような言葉が使われ、そうした派閥が存在したことは事実であるが、その定義、あるいは彼らの理念ということになると、必ずしも明瞭ではない。しかし、今日の一般的な理解にしたがうなら、天皇親政をめざす「昭和維新」を断行し、ソ連と対決することを主張したのが皇道派、陸軍省など正規のルートを通じて「高度国防国家」を建設すると唱えたのが統制派ということになろうか。

いずれにせよ、昭和初年の大不況による農村の困窮ゆえに、現体制への不満が高まったことを背景として、両派の対立は激化した。それは、昭和六（一九三一）年の三月事件（クーデター未遂）ならびに十月事件（クーデター計画発覚）に示されたように、武力を以てする一挙も辞さぬところまで進もうとしていたのである。

山下は、義父の永山少将（佐賀出身）との縁で、皇道派の指導者であった真崎甚三郎大将の佐賀閥に属すると目され、また、歩兵第三連隊長時代より、二・二六事件の首謀者の一人となる安藤輝三大尉と親しくしていたことから、彼ら天皇親政をめざす青年将校をバックアップしているとみなされるようになった。

昭和九（一九三四）年に少将に進級、将官の仲間入りを果たし、兵器本部付となった山下は、ついで昭和十（一九三五）年には軍事調査部長に就任、中央の要路にあったが、訪れた青年将校に、岡田啓介（当時の首相）など斬れと放言するなど、彼らを煽るような言動が目立ってきたのである。

かような山下の動きは、昭和十一（一九三六）年二月二十六日の軍事蜂起、二・二六事件においてピークに達する。山下ばかりではなかったが、陸軍大臣周辺は、軍隊を私して帝都の中心部を占拠した「蹶起」将校たちに妥協的な態度を示し、玉虫色の陸軍大臣告示を出すなど、あいまいな対応に終始したのだ。しかし、青年将校の襲撃によって、恃む重臣たちを殺害された昭和天皇の怒りはすさまじく、二十七日には武力討伐を認める奉勅命令（天皇の直接意志を反映した軍令）が裁可される。「義挙」は「反乱」となった。

山下も、もはやここまでと、青年将校たちに自決を勧めた。とうてい褒められたものではない言動であろう。事実、山下は出世したさに策動したのだという意味のことを述べ、酷評する向きもある。もちろん、山下には、先に触れた小学校時代のエピソードに表されているような、軍人としての野心もあったろう。ただ、思想的に皇道派に傾倒し、青年将校に肩入れしたのはたしかだが、ここまでみてきた彼の性格からすれば、二・二六事件当日以降の山下の行動は、むしろ流血を避け、事態の調整的・政治的結着をはかるほうに主眼があったのではないかと、筆者には思われる。とはいえ、山下の動機を証明する決定的な史料や証言は、今のところ発見されていないから、この問題に関する判断は留保せざるを得ない。

さりながら、山下の振る舞いは致命的な結果を招くことになった。断固たる態度で反乱鎮圧にのぞもうとしない山下をみた昭和天皇は、政治的に信用できない軍人であるとの評価を下したのだ。

優れた戦略眼

天皇の不興を買ったことを知った山下は、一時は陸軍を退くことも考えたという。実際、慰留されて残ったものの、以後の山下は中央勤務から一転して、外地の部隊を転々とすることになる。ところが、陸軍省の能吏は、前線で意外な才能を発揮した。

昭和十一年三月、第四〇旅団長に補せられた山下は、翌十二(一九三七)年に勃発した日中戦争に出征する。彼は、この初陣において、敵弾飛び交う最前線に立ち、直接兵の射撃を指導するという勇戦をやってのけた。ただし、それを暴虎馮河の勇とみるのは当たらないだろう。というのは、山下は、進撃前に視界の妨げとなる畑の高粱を刈り取らせるなど、戦術次元においても細心で綿密な指揮官であることを証明したからだ。

　このような戦いぶりにより、山下は再び高い評価を得て中将に進級（昭和十一年）、支那駐屯混成旅団長、北支那方面軍参謀長、第四師団長などを歴任する。その彼が、航空総監兼航空本部長として中央に返り咲いたのは、昭和十五（一九四〇）年のことであった。さらに翌年、つぎなる大役が舞い込んでくる。軍事視察団の長として、独伊に派遣されたのである。

　この訪欧には、総統アドルフ・ヒトラーへの謁見、機甲戦の大家であるハインツ・グデーリアン上級大将（ドイツ軍では、元帥と大将のあいだに、この階級がある）との会見など、興味深い挿話が多々あるけれども、山下評価に関連して、もっとも重要なのは、帰朝後、昭和十六（一九四一）年七月に彼が行った視察報告であったろう。

　そこで山下は、日本の空軍兵備は列強に劣っているから最優先で充実をはかること、地上兵備は中型戦車に重点を置き、その他の部隊でも機械化を大幅に採用し、速力・装甲の増加をめざすこと、落下傘部隊の編成・運用研究が急務であると述べた。白眉というべきはこのあとの結論部分で、日本陸軍の兵備は時代遅れで、対ソ戦も対米戦も思いもよらぬことであるから、隠忍自重して軍の近代化をなすべきだと断じたのである。

　およそ五か月後に日米開戦を控えた夏の発言としては、大胆かつ卓抜なる戦略眼と認めざるを得ない。

勝利と敗北と

しかし、統制派の系譜に属する陸軍大臣東條英機中将は、かねて皇道派の幹部と目されていた山下をこころよく思っていなかった上に、彼の人気が上がり、つぎの陸相との呼び声が高くなってきたことを警戒していた。山下がヨーロッパに派遣されたのも、彼を中央から遠ざけておくのが目的だったとする観測もあったほどだ。帰国した山下が関東防衛軍司令官に任命され、満洲へ追いやられた背景にも、こうしたあつれきがあったものと思われる。

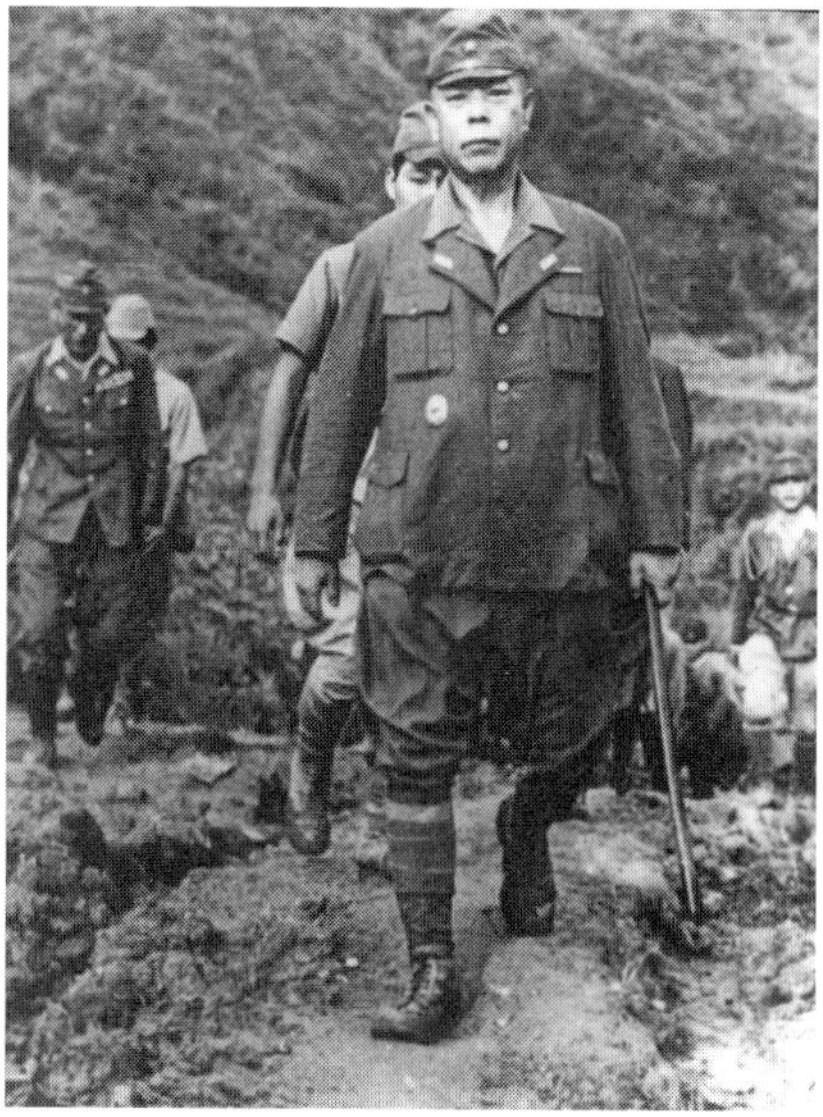

だが、対米英蘭（オランダ）開戦を控え、声望高い将軍がいつまでも副次的な職務に留め置かれているはずがない。昭和十六年十一月、山下は、マレー半島を南下し、アジアにおける大英帝国の一大拠点であるシンガポールを陥落させる任務を帯びた第二五軍司令官に補せられた。この職にあって、彼は作戦次元でも優れ

投降時の山下。「マレーの虎」の面影はない

た存在であることを示した。

その作戦の特徴について、山下はこう述べたとされる。「ドイツの電撃戦、あれは敵陣の中央にクサビをうちこみ、両翼に迂回して包囲する戦術だが、こちらは道路をまっすぐジョホールバルまでキリもみで行く。包囲は不要で、残敵は後続部隊が始末すればよい。電撃戦ではなく、電錐戦だよ」（児島前掲書）。実際、「電錐戦」によって、イギリス軍はついに態勢を立て直すことができぬまま、シンガポール失陥に至る。この戦勝によって、山下は「マレーの虎」の二つ名を奉られることになるわけだが、彼自身は、虎は密林にひそんで獲物を不意打ちする陰険な獣だとして、このニックネームをひどく嫌っていたという。

けれども、かかる大勝も、昭和天皇の勘気を解く、あるいは陸軍中央の嫉視をはねのけることはできなかった。昭和十七（一九四二）年七月、満洲の第一方面軍司令官に任命された山下は、東京に立ち寄って天皇に奏上する機会も与えられぬまま、牡丹江の司令部に赴任することになる。これからおよそ二年のあいだ、昭和十八（一九四三）年の大将進級のような吉事はあったものの、戦場ならざる地で髀肉の嘆をかこったのである。

昭和十九（一九四四）年になってようやくフィリピン防衛を担当する第一四方面軍司令官に補せられたが、その赴く先は敗北必至の戦場であった。台湾沖航空戦でアメリカ艦隊を撃滅したと信じた（周知のごとく、これは大きな戦果誤認であった）大本営は、米軍レイテ島上陸の報に、これぞ敵主力撃滅の好機と判断、山下の反対を押し切って、レイテ島決戦を命じたのだ。

結果は無惨な敗北に終わり、それは続くレイテ島の戦いでの退勢につながる。圧倒的な米軍を前にして、山下は反攻や決戦をあきらめ、可能なかぎり長期にわたって、なるべく多くの敵部隊を拘束するとの持久戦に転じた。マレーで発揮された、その作戦次元の能力を活用する余地はもはやなかったのだ。

とはいえ、山下は戦争終結までの統率において、なお細心の気ばたらきをみせた。やはりシンボリックなエピソードを引いておこう。当時少佐で、第一四方面軍の情報主任参謀を務めていた堀栄三の回想である。山中の司令部に移ってまもなくのこと、海軍の連絡将校がやってきたが、堀は多忙にかまけて、かたわらに待たせておいた。ところが、居眠りしていたはずの山下が立ち上がり、海軍将校に「どこから来たのか？　途中でゲリラに襲われなかったか？　飯はどこで食べた？」と問いかけ、相手がこちこちになっているのを見て、副官を呼び、「おい、あの将校に風呂を沸かしてやれ、それから御飯を食べさせてやってくれ」と命じた。堀は、指揮下兵団の連絡将校を放置し、山下のような気配りを欠いていたことをおおいに反省したという（堀栄三「山下奉文大将　九十日間の苦悩」）。

しかし、苦闘の果てに降伏した山下を待っていたものは、「復讐裁判」と評されることもあるアメリカ軍の軍事裁判だった。麾下（きか）部隊の戦争犯罪の責任を負わされ、山下は昭和二十一（一九四六）年二月二十三日、絞首刑に処せられた。享年六十であった。

ここまでみてきたように、山下は、作戦・戦術次元においても、卓越した力量を有する人物だった。しかし、その本領は、軍政、さらには昭和十六年の訪欧報告の結論に端的に示されたように戦略次元の識見にあったかと思われる。それが、政治的事情と作戦・戦術次元の能力ゆえに野戦軍司令官に登用され、大きな戦功を上げたわけだが、反面、その戦略次元の能力は活用されずに終わってしまったのではないか。もしも山下が昭和十六年のごときクリティカルな時期にあって、陸軍大臣の職に就いていたなら……と夢想するのは筆者だけではなかろう。

逆説的なもの言いにはなるが、山下の作戦・戦術次元の有能さは、栄光のみならず、大器小用と非運をもたらしたのかもしれない。

註

（1）「巨杉」の読みは、正しくは「きょさん」であるけれども、昭和六十年代に筆者が接した山下奉文の関係者は、第一四方面軍参謀副長宇都宮直賢（うつのみやなおかた）元陸軍少将や作家の児島襄など、みな「こさん」と発音していた。あるいは土佐弁で、そのように音韻が変化しているものか。

（2）歩兵の戦技・戦術、体育の教育訓練を担当する。また、軍楽の教育も担当していたため、軍楽隊も置かれていた。

第十一章

「殴れるものなら殴ってみろ」

オード・C・ウィンゲート少将（イギリス陸軍）

戦闘的な「焼き印のない牛」

拙著『指揮官たちの第二次大戦』（新潮選書）ならびに本書において、筆者は何度か、イギリス軍には、「焼き印のない牛（マーヴェリック）」と称されるような異論派（ディシデント）にも活躍の機会を与え、あらたな可能性を探ることを可能とするような組織文化があることを指摘してきた。

杓子定規（しゃくしじょうぎ）で階級意識にみちみちているというようなステレオタイプのイメージとは裏腹に、イギリス軍は、組織の是（ぜ）とするところに敢えて異議を唱える分子にも、組織内で上昇する道を開き、独創的な用兵思想を考案・実施するチャンスを与えていたのである。それは、組織的・社会的な面から軍隊の機能性にアプローチする「軍隊有効性（ミリタリー・イフェクティヴネス）」の研究においてもしばしば指摘されるところだ。

このように、二〇世紀前半のイギリス軍は人事上の迂回路を維持し、優れたマーヴェリックを登用、将帥の座に据えて、多くの成功を収めてきたが、その右代表ともいえる例がオード・ウィンゲート陸軍少将であることは、おそらく衆目の一致するところであろう。

彼の用兵思想の独創性ならびに卓越した指揮を手痛く思い知らされたのは、ほかならぬ日本人、われわれの父や祖父の世代である。周知のごとく、ウィンゲートは第二次世界大戦で、空挺機動と空輸を駆使した特殊部隊の大胆な運用により、日本軍をさんざんに悩ませ、ビルマ（現ミャンマー）戦役大敗の重要な一因をもたらしたのだ。

さりながらウィンゲートは、毀誉褒貶のはなはだしいことにかけても、第二次世界大戦の英軍指揮官のなかで群を抜いた存在だ。彼は、出身階級や家系からすれば、英国のエリートに属するといってもよいのだが、独善的なまでに自らの見解に固執、上官や同僚との衝突も辞さないその性格から多くの敵をつくり、自ら好んで異端者となっていった。ウィンゲート小伝を書いた、米海兵隊出身の戦史研究者ジョン・ゴードンは、かかるウィンゲートのありようを巧みに描きだしている。

「しかし、軍団から戦域までの各級司令部の、型にはまった考え方をする幕僚や指揮要員などからは、むしろ異なったウィンゲート像が得られる。彼らにとっては、ウィンゲートは傲慢な、いうことを聞かない夢想家と思われ、その敵後方地域に対する戦闘という構想も実行不可能とされていた。ところが、短軀（たんく）で筋肉質、ほとんど類人猿のような見かけのウィンゲートは、彼の理論に疑義を投げかける者を、いまいましげに青い眼で睨（ね）めつけてくるのであった」（John W. Gordon, Wingate. In: *Churchill's Generals* edited by John Keegan)。

かくてウィンゲートに悪意を抱くようになった者たちは、その功績を認めようとはせず、戦後になっても批判を繰り返した。ただし、今日のウィンゲート評価を極端に分裂させているのは、こうした「検察側の証人」だけではない。彼は、イギリス支配下の中東やビルマを活動の舞台としたが、それゆえ、必然的に英帝国主義の問題性を体現せざるを得なかった。そこから生じる政治的評価、たとえばシオニズムに対する姿勢などは、おのずからウィンゲートに当てられる照明の角度を変えずにはおかなかったのだ。

オード・C・ウィンゲート
（1903-1944）

とはいえ、そのようなレベルまでも視野に入れてウィンゲートの功罪を論じるには、本稿の紙幅は限られている。以下、政治次元の問題は必要最小限の記述にとどめ、本稿ではビルマ戦役で頂点に至るウィンゲートの用兵思想と指揮に焦点を絞って論じていくこととしたい。

中東への関心

一九〇三年二月二十六日、インド勤務の陸軍大佐ジョージ・ウィンゲートは、二十年におよぶ求婚の末に、ようやく妻とすることができたメアリー・エセル[1]とのあいだに一子を授かった。このインドのネーニータールに生まれ、オードと名付けられた子こそ、のちのウィンゲート少将であった。ちなみに、ウィンゲート家は、基本的に聖職者制度を認めず、聖書のみを尊ぶ「プリマス集会」派の教えを奉じていた。オード・ウィンゲートが独立不羈(どくりつふき)の性格を養うに至ったのも、あるいは、そうした形式的な権威を拒む宗派の教育を受けたことが影響していたのかもしれないが、史料的に証明することはできない。

いずれにせよ、オードは、当然のごとく軍人の道を歩むことになる。ウィンゲート家は、曾祖父(そうそふ)以来、当主がイギリス軍、もしくは英・インド軍の将校を務めてきた家系だったのである。オード・ウィンゲートは本国イングランドに送られ、そこで幼少年期を過ごしたのち、一九二一年にウーリッジ王立陸軍士官学校[2]に入学した。

この士官学校時代のこととして、つぎのようなエピソードが伝えられている。あるとき、一年生たちが私的制裁を受けることになった。向かい合った上級生たちがつくった列のあいだを、服を脱いだ一年生が駆け抜けていく。その際、固く結んだタオルで上級生に殴られたあげくに、走り終えた一年生は冷えきった貯水池に飛び込まなければならない。

ところが、ウィンゲートは、自分の番が来ると、いちばん手前にいる上級生を睨(にら)みつけ、「殴れるものなら殴ってみろ」と告げた。相手がたじろぐと、一歩進んでつぎの上級生に同じことをするといった具合に、殴られることなく列を抜け、最後にはまっしぐらに貯水池に飛び込んだという。まさしく、梅檀(せんだん)は双葉(ふたば)より芳(かんば)し、であった。

このように、早くも反骨を示し、トラブルメーカーとなった観があったウィンゲートではあったが、それでも一九二三年にはウーリッジ王立陸軍士官学校を卒業して任官、砲兵将校として、イングランド南西部ラークヒルに置かれていた第五中口径砲旅団に配属された。当時のウィンゲートは乗馬の名手として知られるようになっており、その腕前を買われて、一九二六年には軍馬術学校に異動となっている。

しかし、この青年将校は、いつまでも馬にうつつを抜かしてはいなかった。スーダン総督やエジプト高等弁務官を務めた父の従弟レジナルド（退役陸軍大将）に勧められ、中東事情の勉強をはじめたのである。一九二六年から、ロンドン大学東洋研究学院（現東洋アフリカ研究学院）で半年間アラビア語の講習を受けたウィンゲートは、いよいよアフリカに関心を持つようになった。

一九二七年、半年の休暇を得たウィンゲートは自転車に乗って、イングランドを出た。ヨーロッパを経由、エジプトからスーダンに入るという大旅行を計画したのだ。最終目的地は、スーダンの首都ハルトゥームである。そこで、「スーダン防衛隊」への出向勤務を請願するつもりだった。当時、スーダンはイギリスとエジプトの共同統治領で、そこにはイギリスの指導のもとに、主として治安維持と国境警備を行う軍事組織、スーダン防衛隊が設置されており、イギリス軍将校はそこに出向勤務することが可能だったのである。

英雄か殺戮者か

一九二八年、無事に請願が通って、スーダン防衛隊勤務となったウィンゲートは、エチオピアとの国境警備にあたる東アラブ兵団に配属され、密猟者や密貿易の取り締まりに従事した。この時代にゲリラ的な戦法を研究したことが、のちの彼の用兵思想に影響したとはよくいわれることである。一九三〇年には三百人の将兵を部下とする中隊長になったが、ハルトゥームの司令部に勤務する将校たちとのあつれきが絶えなかったとも伝えられている。王立地理学協会のリビア砂漠探検に参加したのも、スーダン勤務時代の末期であった（一九三三年）。

一九三三年、スーダン防衛隊の勤務期間を終えたウィンゲートは本国に帰還した。その際、帰路の船上で十六歳のローナ・モンクリーフ・パターソンと出会い、二年後に結婚している。帰国後には、いくつかの砲兵部隊に勤務した。しかし、一九三五年、彼にとっては、愉快ならざる事態が訪れる。陸軍大学校（スタッフ・カレッジ）を受験し、学科試験に合格したにもかかわらず、入学許可が得られなかったのだ。これは学科試験で、戦術の問題の一つに対し、出題者自身がそれを理解していないことを論証する文章を書くだけで、解答を記さなかったことが災いしたといわれている（デリク・タラク『ウィンゲート空挺団』）。

だが、ウィンゲートは、それで黙っている男ではなかった。演習で身近に接する機会があったのを幸いとして、帝国参謀総長シリル・デヴェレル元帥に、陸軍大学校の入学許可を得られなかったのは納得いかないと直訴したのである。驚くべきことに、大胆な行動は意外な成果をもたらした。この気位の高い大尉（一九三六年に大尉心得に進級）に強い印象を受けたデヴェレル元帥は、ウィンゲートの経歴や業績を調べた上で、イギリスの委任統治領だったパレスティナに駐屯する軍の情報参謀に任命したのだ。実質的に陸軍大学校卒業者と同等の能力と資格を持つと認めたに等しい人事であった。

この配置にあって、ウィンゲートは、ユダヤ人の国家建設運動であるシオニズムに傾倒した。パレスティナに彼らの国を築くとの主張に、もろ手を挙げて賛同したのである。しかし、彼がパレスティナに赴任したのは、同地のアラブ人が独立を求めて、イギリス当局筋やユダヤ人コミュニティへの襲撃を開始した時期であった。シオニストを自認するようになったウィンゲートのユダヤ人支持は、やがて言論の域を超えていく。

イギリス軍の指導のもと、手榴弾や小火器で武装したユダヤ人コマンド部隊を組織し、アラブの反乱を鎮圧させる。かかる構想を抱いたウィンゲートは、一九三七年にパレスティナ駐屯軍司令官に就任したアーチボルド・ウェーヴェル少将に直訴し、そうした部隊を編成する許可を得る。一九三八年、イギリス人将校とユダヤ人軍事組織「ハガナー」からの志願者より成る「特殊夜戦団（スペシャル・ナイト・スクォーズ）」が新編された。

この特殊夜戦団は、アラブ人ゲリラに対する戦闘で大きな戦果を上げ(3)——同時に悪名をとどろかせることになった。彼らは、アラブ人ゲリラが拠点とする村の住民殺害をためらわなかったのである。ウィンゲート自身も、アラブ人に対する嫌悪を隠さなかった。結局、こうしたウィンゲートの極端なまでの親ユダヤ的言動が祟り、一九三九年五月に永遠にパレスティナを去ることになる(4)。

現在、イスラエルにあっては一般に、ウィンゲートはシオニズムの支援者、のちのイスラエル国防軍の種を蒔（ま）いた英雄とされている。逆に、アラブ諸国においては、彼は村を焼いた殺戮者扱いだ（Simon Anglim, *Orde Wingate and the British Army, 1922–1944*）。かくのごとき相反する評価も、パレスティナ時代の彼の行動を考えれば、ゆえなきことではあるまい。

アフリカの挫折

以後、イギリスに戻ったウィンゲートの星は低迷期に入る。ある高射砲部隊の長に補せられたものの、宿願であるパレスティナのユダヤ人国家建設の理想は容（い）れられなかった。一九三九年九月に第二次世界大戦がはじまっても、彼にとって意味のあるような仕事は与えられない。ひたすら腕を撫（ぶ）すばかりのウィンゲートではあったが、大将に進級し、中東方面司令官となっていたウェーヴェルより、有り難い引きがあった。一九四〇年に参戦し、イギリスの敵国となったイタリアの植民地東アフリカ（おもに現在のエチオピア）で、後方攪乱作戦に従事せよとの「任務一〇一」が与えられたのだ。

ウィンゲートは、さっそくイギリス人、スーダン人、エチオピア人、また旧特殊夜戦団メンバーを集め、「ギデオン隊」を編成した（「ギデオン」は旧約聖書に記された、大敵を破ったイスラエルの指導者）。

一九四一年二月、臨時進級で中佐となったウィンゲートの指揮するギデオン隊は、一九三六年より続いたイタリアの圧政により、憤懣をつのらせていたエチオピアの人々からの圧倒的な支援を受け、大きな成功を収めた。イギリス正規軍と協力して、イタリア軍を撃破したギデオン隊は、早くも五月に首都アジス・アベバに入城する。

しかし、ギデオン隊の勝利とは裏腹に、ウィンゲートはまたしても日の当たらない場所に追いやられようとしていた。イタリア領東アフリカへの侵攻作戦中、ウィンゲートは上級司令部とのあいだに、幾度となく紛糾を巻き起こし、すっかり厄介者扱いされていたのである。一九四一年六月、ウィンゲートはギデオン隊隊長の任を解かれ、階級も正規の少佐に戻された。

かてて加えて、ウィンゲートは危険なまでに健康を害していた。マラリアに罹った上に、治療薬アタブリンの大量投与による副作用で鬱状態になっていたのだ。一九四一年七月、彼は、収容されていたカイロのホテルで首筋を刺して自殺をはかったが、一命を取り留め、イギリスに送還された。

再起

けれども、イギリスの軍隊文化（ミリタリー・カルチャー）が持つ余裕のたまものというべきか、この傷ついたマーヴェリックには、再び救いの手がさしのべられた。東アフリカ戦役に関するウィンゲートの報告書を読んだウィンストン・チャーチル首相が、あらためて彼を重要な職に起用すべきだと考えたのである。

実は、ウィンゲートがチャーチルの知遇を得たのは、一九三八年にさかのぼる。彼が休暇で英本国に帰った際、軍事理論家で『タイムズ』紙の記者を務めていたバジル・リデル＝ハートに、非通常戦闘、つまりゲリラ戦に関する文書を示した。リデル＝ハートは、これをおおいに評価し、親交のあったチャーチルに転送したのだ。やはり、この文書に関心を抱いたチャーチルは晩餐会にウィンゲートを招き、両者は初対面を果たしていたのであった。

チャーチルの意を受けて人事が動き、大佐に進級したウィンゲートは一九四二年にビルマに赴任する。あらたな任務は、一九四一年に参戦し、またたく間にマレーを占領、ビルマに迫っている日本軍の後方を叩くゲリラ部隊を組織することだった。しかし、ウィンゲートはすぐに、より野心的な策を考えはじめる。長距離ジャングル挺進（ていしん）、つまり、踏破不能とみなされた密林を長駆進撃し、無防備、もしくは脆弱な防備しかほどこされていない後方地域の日本軍を奇襲する作戦だ。むろん、通常ならば、そのような難路を越えて突出した部隊は補給切れとなり、自壊してしまう。だが、イギリス軍の空輸能力の優越を考慮すれば、空から長距離ジャングル挺進部隊を支えることは可能だと、ウィンゲートは考えた。

一九四二年七月、准将に進級したウィンゲートに、第七七インド旅団が預けられた。彼の構想が認められ、同旅団より、のちに「チンディッツ」（ビルマ神話に登場する聖獅子「チンテー」にちなんで名付けられた）と呼ばれることになる長距離ジャングル挺進部隊が編成されることになったのである。しかし、ジャングルの環境を想定しての訓練は過酷をきわめ、病人が続出した。ある大隊などは、病気のため、七割が欠員となったという。

チンディッツの作戦は日本軍を脅かした

しかも、一九四三年二月に発動された、最初の長距離ジャングル挺進作戦は、初期段階で日本軍後方地域にある鉄道の破壊などの成果はあったものの、予想以上の補給困難により、多数の死傷者を出しながら退却するはめになった。ウィンゲートの指揮下将兵に対する要求は過大になるきらいがあり、それは彼の統率が疑問視される一因となっているのだが、ここでも、そうした側面が示されたといえる。

さりながら、チンディッツの作戦は、思いがけぬ効果を上げていた。地形的に進出不可能とみていた地域に英軍が出現し、後方をおびやかしたことは、消極的に占領地を固守しているだけではビルマは守り切れないとの不安を日本軍に与えたのだ。ならば、むしろ「攻勢防御」、討って出てインドの英軍根拠地を占領することにより、あらかじめビルマへの進攻を封じておくべきであろう。むろん、チンディッツの攻撃だけが原因となったのではないが、のちのインパール作戦につながる発想がまた推力を得たのである。

一方、イギリス側にとっても、長距離ジャングル挺進作戦は政治的に重要な意味を帯びることになった。英印（イギリス・インド）軍は、日本軍のお株を奪って、ジャングルで互角以上に戦うことができる。そうしたプロパガンダにより、ウィンゲートは「勝った」ことにされ、長距離ジャングル挺進作戦も継続されることになった。ただし、そうしたイギリス側の判断と措置が間違っていたとはいえない。というのは、ウィンゲートの独創的な発想によるチンディッツは、このあとに空挺作戦を取り入れ、また空輸補給能力を強化することによって、日本軍にとっての一大脅威となっていったからだ。

一九四三年九月、少将に進級したウィンゲートは、拡張されたチンディッツを含む英印軍特殊部隊の指揮を執ることになった。一九四四年二月、チンディッツは、あらためてより大規模な後方襲撃作戦を発動する。この一挙が、日本軍のインパール作戦準備を大きく阻害したのは、よく知られている通りだ。

しかしながら、ウィンゲートは自ら発想し、育て上げたチンディッツの活躍を最後まで見届けることはできなかった。一九四四年三月二十四日、戦況視察に出たウィンゲートは、乗機の飛行機事故で墜死したのである。四十一年の短い人生であった。

こうして検討してきたように、オード・ウィンゲートは、その優れた才幹ゆえに、他国の軍隊であれば冷や飯食いで終わったであろう軍歴を、裏門を開いておく軍隊文化によって救われ、力を振るうことができたといえよう。したがって、ウィンゲートという歴史的個性の評価もさることながら、彼の活躍の場をつくったイギリスの軍隊文化こそ、より魅力的な分析対象であると筆者には思われる。いずれ機会があれば、より詳細に論じてみたい。

註

(1) メアリーは、第一次世界大戦時にアラブの反乱に関与した「アラビアのロレンス」ことトーマス・エドワード・ロレンスの血縁であった。

(2) 砲兵、工兵、通信、技術部隊の将校育成のために設置されていた士官学校。一九三九年の第二次世界大戦勃発とともに閉鎖され、戦後、サンドハースト王立陸軍士官学校が再開されたときに、同校に吸収された。

（3）この功績により、ウィンゲートは一九三八年に武功殊勲章（ディスティンギッシュド・サーヴィス・オーダー）を受けている。

（4）ウィンゲートの旅券には、パレスティナ訪問を禁じるとの一項が記載されていたという（デリク・タラク前掲書）。

第十二章

「爆撃機だ、爆撃機を措いてほかにはない」

カーティス・E・ルメイ大将（アメリカ合衆国空軍）

戦略爆撃思想の象徴

戦後八十年になんなんとする今日においても、ルメイという名は、おおかたの日本人にとって不吉な響きを帯びていよう。彼こそが、東京大空襲をはじめ、日本の大都市の多くを焦土と化した戦略爆撃を指揮した人物であるからだ。戦後の一九六四年に、ルメイが航空自衛隊の育成に貢献した功績により、勲一等旭日大綬章を授与されたときに、少なからぬ日本国民が抵抗を覚えたのも、その一九四五年以前の行動を考えれば、当然のことだったといえる。

しかし、意外に思われるかもしれないが、焼夷弾を用いて、非軍事目標である市街を爆撃し、住民を殺戮するという戦術はルメイが考案したものではない。それは、第二次世界大戦において合衆国陸軍航空軍が、戦略爆撃の効率を追求するなかで生じた戦術であった。この悪魔的な戦術は、大地や海洋を飛び越えて、前線よりもはるかに無防備な銃後を攻撃し得るという航空戦力の本質の必然的な帰結だったのかもしれぬ。

とはいえ、ルメイは、その戦略思想に賛成し、ファナティックなまでにその遂行に努めた。そうした姿勢からは、彼があたかも米陸軍航空軍、のちの米空軍の本流であったかのような印象を受ける。

ところが、ルメイは、米陸軍士官学校（ウェスト・ポイント）出身でもなければ、他の州立士官学校の卒業生でもない[1]。本書ですでに取り上げたクレア・リー・シェンノート空軍名誉中将と同じく、大学生に指揮官教育をほどこし、修了者に予備士官の資格を与えるＲＯＴＣ（Reserve Officers' Training Corps）、予備将校訓練団から、陸軍に任官しているのだ。

そのルメイが、最終的には大将に進み、空軍参謀総長にまで登りつめ、第二次世界大戦から冷戦期にかけて米戦略爆撃思想の象徴ともいうべき存在となった。仮に日本の例にあてはめてみると、海軍予備学生出身者が軍令部総長になるようなもので、まず考えられないことである。

おそらくは、かかるアメリカ流の複線的な人材登用のあり方とルメイ自身の持つ強烈な個性、さらには米陸軍航空軍における戦略・戦術思想の転換などが相俟（あいま）って、その独特な指揮の流儀と用兵思想が形成されたと思われるが、結論を急がず、まずは彼の人生を概観してみよう。

ライト兄弟の飛行機を追って

ルメイ（LeMay）家は、その姓から容易にわかるように、一八世紀にケベック経由でアメリカに渡ってきたフランス系の一族であった。カナダに残った支族はカトリック教徒に留まったが、アメリカに来たルメイ家の祖先は、プロテスタントのメソジスト派に改宗している。

二〇世紀初頭、そのアメリカ・ルメイ家は困窮していた。当主アーヴィング・エドウィンは、鉄工や雑役夫などをやってはみたものの、いずれも長続きせず、職を求めて各地を転々とし、妻のアリゾナ・ダヴの助けによって、ようやく家計を維持しているありさまだったのだ。けれども、一九〇六年十一月十五日、故郷のオハイオ州コロンバスに戻っていたアーヴィングはようやく幸いを授かった。妻のアリゾナが長男を出産したのである。以後、夫妻は、このカーティス・エマーソンと名付けられた子を筆頭に、総計七人の息子と娘を得ることになった（一人は幼少期に死亡）。ともあれ、カーティスは、家の貧窮に苦しみながらも、健康に育っていく。

カーティス・E・ルメイ
（1906-1990）

本人の回想するところによれば、およそ半世紀後に空軍大将となるルメイ家の長男坊が空に興味を持つようになった日付は、はっきりしている。それは、一九一〇年十一月七日のある寒い朝のことだ。

家の裏庭で焚きつけにする木切れを拾い集めていたカーティスは、今まで聞いたことがない響きを耳にした。見上げると、重力の法則に逆らって、機械が頭上を飛び去っていく。ライト兄弟のB型飛行機が、百貨店の宣伝のため、デモンストレーションを実行していたのだ。

カーティス坊やは、それを捕らえようと走り出したが、追いつけるはずもない。とうとう飛行機を見失い、家に戻る。駆けていたときには数分のことに思われたのに、帰路は数時間もかかった。

「私は、ただ飛行機をつかまえて、わがものとし、ずっと持っていることができるかもしれないと思っただけだった」（Curtis E. LeMay/MacKinlay Kantor, *Mission with LeMay: My Story*）。カーティス・E・ルメイは、その願いを、彼自身予想だにしなかったやり方でかなえることになる。

成長し、コロンバスのハイスクールを卒業したルメイは、オハイオ州立大学に入り、土木工学を専攻した。もちろん、ROTCに入隊することも忘れてはいない。一九二八年には予備将校の資格を得て、陸軍野砲兵、ついでオハイオ州兵の予備少尉に任官している。

だが、航空勤務を熱望するルメイは、さらに一歩進んだ。一九二九年、飛行訓練を受けて、陸軍航空隊予備少尉の階級を得たのである。飛行訓練を終えると、追撃（戦闘）機、観測機、攻撃機、爆撃機のなかから所属を選ぶことになっていたが、彼は追撃機を選んだ。

一九三〇年に陸軍航空隊の現役少尉となったのちは、ミシガン州セルフリッジ基地に置かれた第二七追撃機中隊に配属され、訓練を受ける。同時にオハイオ州立大学の学籍も抜かず、単位履修に励んでもいた。これも日本では考えにくいことであるけれども、当時の米陸軍は、ROTC出身の士官が大卒の資格も得られるよう配慮していたのだという。

かような努力の甲斐あって、一九三二年、セルフリッジ基地のルメイのもとに卒業証書が郵送されてきた。また私生活では、一九三四年に弁護士の娘ヘレン・メイトランドを伴侶としている。

青年ルメイは、貧窮に苦しんだ少年時代を脱し、将校の道を歩み出そうとしていたのだ。

ヨーロッパ戦線で頭角を現す

こうして、最初は戦闘機乗りとしてスタートしたルメイだったが、一九三四年に転属になった第六追撃機群（在ハワイ）での経験が決定的な転機をもたらした。初めて爆撃訓練を受けたのである。

「その瞬間のスリルを、私は今も覚えている」、「敵の本土深く進攻し、戦争遂行のためのその根本的なポテンシャルを覆滅せんとするものは何か？　爆撃機だ、爆撃機を措いてほかにはない」（LeMay/Kantor, *Mission with LeMay*）。一九三六年、中尉（前年に進級）で米本土に転属になったルメイは、さっそく爆撃機への転科を申し出、翌三七年に承認された。

以後、主として最新鋭機である「空の要塞（フライング・フォートレス）」こと、B－17四発重爆撃機の航法士を務め、経験を積んだ。階級も、大尉（一九四〇年進級）を経て、日米開戦の年、一九四一年に少佐となっている。ただし、この間に、ルメイは鬼士官との評判を取るようになっていた。一九四〇年に、マサチューセッツ州ウェストオーヴァー基地の第三四爆撃群作戦担当士官に補せられ、部下たちに猛訓練を強いたのであった。これは、実戦では訓練以上のことはできないという信念の表れだったのだけれども、「無感動野郎（オールド・アイアン・パンツ）」の二つ名を奉られる理由ともなったのである。(2)

だが、オールド・アイアン・パンツは、アメリカが戦争に突入するや、たちまち頭角を現した。新編されたB－17装備の第三〇五爆撃群司令に任命されたルメイは、一九四二年、イギリスに展開する米第八航空軍の指揮下に入り、ドイツとその占領地への爆撃行に従事することになったのだ。

この配置にあって、ルメイは創意工夫の才と勇猛さを発揮した。当時、米陸軍航空軍は、群を抜いた性能を誇るノルデン爆撃照準器に信倚（しんい）し、昼間高々度精密爆撃を実行していた。日中に敵地深く進入し、軍の拠点や工業資源地帯に集中爆撃を加える戦術だ。同盟国イギリスの空軍は、軍事的効果もさることながら敵国民の士気をくじくことが重要であるとみなし、また、昼間爆撃ではドイツ軍の高射砲や防空戦闘機の脅威が大きいと考え、都市に対する夜間無差別攻撃を実行していたから、およそ対照的なやりようだったといえる。

だが、白昼堂々大編隊を組み、多くは味方戦闘機の航続距離外、つまり戦闘機の掩護（えんご）が得られぬ目標に対して敢行された爆撃は、しばしば大損害を出した。これに対し、ルメイは、六機編隊三個を一群とし、中隊単位で密集編隊を組んで、互いに掩護するという箱形陣形（ボックス・フォーメーション）戦術を提案し、米爆撃隊の防御力向上に貢献した。また、先導機に優秀な爆撃手を搭乗させ、その投弾のタイミングに合わせて、後続する編隊が一斉に投弾するという戦法を考えだしたのもルメイであった（源田孝『アーノルド元帥と米陸軍航空軍』）。

　加えて、彼は爆撃編隊の一機に搭乗し、自ら直接作戦を指揮するという豪胆さを示した。ただし、その勇気は、将兵に対する苛酷さと裏表であったことを指摘しておかねばなるまい。

　あるとき、出撃中止、もしくは出撃しても途中で引き返す事例が多すぎることを指摘し、爆撃隊員たちが怯懦（きょうだ）ゆえに表向きの理由をつけて任務を放棄しているのではないかとの疑義を呈する報告書が出されたことがあった。これを読んだルメイは命令を下達した。以後、いかなる任務であろうと、自分は先導機に搭乗する。離陸した機体はすべて目標上空まで飛行すべし。さもなくば、当該機の乗員は軍法会議にかけられることになる、と。出撃中止率は一夜にして激減したという。

　こうして実力を認められたルメイは、まさしく飛龍乗雲（ひりゅうじょううん）の勢いで出世街道を驀進（ばくしん）した。一九四二年には二度の進級により少佐から大佐に、一九四三年には准将となったのである。さらに一九四四年には、三十七歳の若さで少将に進んでいる。そして、このＲＯＴＣ出身の将軍を待っていたのは極東の戦場であった。

無差別爆撃への戦術転換

一九四四年六月、ルメイは、いわゆるＣＢＩ（China-Burma-India）、中国・ビルマ（現ミャンマー）・インド戦域に転属とし、第二〇爆撃兵団長に補すとの辞令を受けた。彼の前任者たちが思うような戦果を上げられぬことに業を煮やした陸軍航空軍司令官ヘンリー・Ｈ・アーノルド大将が、ヨーロッパで名を馳せた猛者（もさ）を呼び寄せ、新兵団長に任じたのだ。

このときルメイは、彼の名と不可分に結びつくことになる爆撃機、「超空の要塞（スーパーフォートレス）」と称せられたＢ－29と出会った。Ｂ－29は、時代のはるか先を行く高性能機だった。乗員室は与圧され、長時間にわたる酸素マスクなしの高々度飛行を可能にしている。ノルデン爆撃照準器はもちろん、航法支援・爆撃照準用のレーダーも装備され、コンピューター装備の射撃管制システムも導入された。航続距離五千七百キロメートル、上昇限度は一万二千メートル、速度は時速五百七十キロメートルで、最大九千キロの爆弾を搭載できる（源田前掲書）。

かつて、「飛行機をつかまえて、わがものとし、ずっと持って」いたいと思ったルメイは、その夢を実現させた。だが、彼が持つことになったのは、ライト兄弟の複葉機ではなく、空の怪物だったのである。

しかし、中国やインドを拠点として、日本本土（主として九州各地）や満洲、東南アジアへの爆撃を開始した第二〇爆撃兵団は、最新鋭のB－29を配備されながら、さしたる成果を得られなかった。それは、ルメイが兵団長となり、自ら空中指揮を執って、部下を鼓舞しても同様だった。(3)

テニアン島から日本本土へ向かうB-29の群れ

ヨーロッパで用いた高々度精密爆撃戦術は必ずしも適当ではない。そう考えたのは、ルメイだけではなかった。アーノルド大将以下、陸軍航空軍の首脳陣も戦術転換の必要を感じはじめていた。というのは、常にジェット気流が吹いている日本本土上空では、高々度からの投弾は正確を期しがたいし、場合によっては照準器に誤差が生じて爆撃困難になることもある。さりとて、ジェット気流の影響を受けない高度まで下がれば、日本の防空陣によって大きな損害をこうむることはまぬがれない。

ならば、焼夷弾を用いて、高い爆撃精度を要しない地域爆撃を実行し、日本の都市を焼き払うのはどうか。とくに日本では、零細企業や下請けの家内工業といった生産施設の多くは、個人の住居に置かれている。

これらは非軍事目標ではなく、日本の継戦能力の拠点とみなして、空襲で消滅させるべきだ。こうした一九四三年ごろに出てきた発想は、米陸軍航空軍は無差別爆撃を行わないとの伝統的倫理を圧倒し、焼夷弾による無差別攻撃是認につながっていった。[4] むろん、ルメイもそれを熱烈に支持したが、必ずしも首唱者だったというわけではない。

一九四五年一月に、マリアナ諸島に基地を置いて日本本土空襲を実行していた第二一爆撃兵団長へイウッド・S・ハンセル准将（名うての高々度精密爆撃論者であった）が更迭され、ルメイが後を襲ったのも、その焼夷弾無差別爆撃論の見解が容れられたというよりも、彼の攻撃精神が買われたためとみるほうが適当かと思われる。事実、第二〇爆撃兵団を吸収し、すべてのB－29をマリアナ諸島に集めて強化された第二一爆撃兵団の長になったのちも、ルメイは、上層部の戦術転換の決断を待ちつつ、なお損害多くして戦果の少ない高々度精密爆撃を続けているのである。

対日爆撃

しかし、一九四五年二月に焼夷弾攻撃の命令が下ると、ルメイの指揮の本質があらわにされることになった。そのあらたな戦術は、日本側の防空能力が低下する夜間に、ジェット気流に妨げられない一千五百ないし二千四百メートルの低高度で進入、主要都市に焼夷弾攻撃を加えるというものだった。

このルメイの戦術がいかに恐るべき惨禍をもたらしたかについては、贅言を要しないであろう。一九四五年三月九日から十日にかけての東京大空襲(5)を手はじめに、第二一爆撃兵団のB－29約三百機は、大阪、神戸、名古屋を叩き、それらの市街をおよそ十日間で灰燼に帰せしめたのである。以後、焼夷弾を費消しつくした結果、任務を機雷敷設(6)に切り替えたがためのインターヴァルはあったものの、五月には都市への大規模な無差別爆撃を再開し、東京、横浜、大阪、名古屋、ついで多数の中小都市を焼け野原にしていく。かかる都市と非戦闘員を目標とする攻撃は、八月の広島と長崎への原爆投下で頂点に達した。

しかし、ルメイは、こうした作戦の非人道性など意に介さなかった——少なくとも、他者に対しては、そう言い続けた。日本空襲についての彼の言い分を聞こう。ルメイは、日本の都市は軍事目標であると認識していたのである。

「ああ、ドイツの工場も相当程度分散されていた。だが、けっして日本のシステムほどではない。日本では、つぎのような仕組みになっていた。彼らは、一定の住宅地内に、工場にして家庭であるものを構えて、小部品を製造したものだ。家内制の流れ作業といってもよかろう。スズキ一門がボルト六十四をつくれば、おとなりのハルノブ家はナット六十四か六十五、あるいは六十三、それらすべてをつなぐガスケットをこしらえているかもしれない。それらはみな、同じ隣近所で製造されるだろう。そして、工場から来たキタガワ氏は荷車を走らせて、適切な順序で部品を集めていく」(LeMay/Kantor, *Mission with LeMay*)。

第二次世界大戦終結後、ルメイは、在欧米空軍（一九四七年に米空軍が新設され、独立軍種となっていた）司令官、戦略空軍司令官、空軍参謀次長、空軍参謀総長等の要職を歴任し、空軍の発展に大きな役割を果たし、ベルリン空輸やキューバ危機に際しても重要な決定に関わった。だが、それらはまた別の物語であろう。ここでは、彼の言動が、好戦的で、戦略爆撃の必要性についてはまったく譲らなかったという点で一貫していたことを指摘するに留める。

一九六五年、大将に昇りつめていた（一九五一年進級）ルメイは退役し、空軍を去った。長命を保ったが、一九九〇年に心臓発作から合併症を起こして他界した。遺体は、コロラド州コロラド・スプリングスの合衆国空軍士官学校墓地に葬られている。

かくのごとく、ルメイは、陸軍航空軍が空軍となる過程における用兵思想の変化を体現した人物であった。彼自身は必ずしも独創的な戦略思想家というわけではなかったが、その個性と、ＲＯＴＣ出身ならではの、陸軍士官学校卒の航空軍将校の価値観に拘泥（こうでい）しない姿勢は、あらたな用兵思想を現実のものとするには打ってつけだったように思われる。

日本空襲に際しての彼の役割を考えるには、そうしたキャリアや組織内での独自の位置といった側面を加味しなければならないのではないだろうか。

註

（1）アメリカには、「南部のウェスト・ポイント」と呼ばれたヴァージニア軍事学校（ミリタリー・インスティテュート）をはじめ、いくつかの州立陸軍士官学校がある。

（2）ルメイのあだ名には、「ビッグ・シガー」（Big Cigar）というものもあった。普通は、金持や大立て者という意味（約束を連発するが実行しない政治家を指すこともある）だが、あるいは彼が好んで葉巻を喫していたことに由来するのかもしれない。

（3）当時、司令官自身の出撃は禁じられていたが、ルメイは作戦飛行を経験しないと充分な指揮はできないとの理由で、一度かぎりのこととして空中指揮の許可を取った。一九四四年九月八日の満洲鞍山にある製鉄所への爆撃行がそれである（源田前掲書）。なお、ルメイはＣＢＩ戦域に着任する直前に米本土でＢ－29の操縦訓練を受けていた。

（4）この戦術転換は、独立軍種の「空軍」に脱皮することをめざしていた陸軍航空軍が、戦功を上げ、米国民ならびに先行軍種である陸海軍に対して自らの存在意義をアピールする必要から実行されたとする説もある（たとえば、鈴木冬悠人『日本大空襲「実行犯」の告白』）。おそらく、それも重要な一因であろう。

（5）米側は、この作戦に「礼拝堂（ミーティングハウス）」の秘匿名称を付けていた。悪意と皮肉をこめていたのかどうかはわからない。

（6）本稿の主題からそれるため、詳述はしないが、これもまた日本の戦争継続能力に致命的なダメージを与えたことはいうまでもない。ちなみに、この機雷封鎖作戦の秘匿名称は「飢餓（スタヴェイション）」であった。

終章　昭和陸海軍のコマンド・カルチャー——一試論として

指揮統帥の文化とは

ここまで縷々述べてきたように、昭和の日本陸海軍の指揮統帥には、一定の特徴、それも芳しからざる特徴がはっきりとみられる。戦略における政治との相互作用への配慮の乏しさ、硬直したドクトリンへの固執、作戦要素の偏重（当然、兵站や情報といった他のファクターの軽視につながる）、即興性・柔軟性の欠如、不適切な人事……。

本書で何度か触れた歴史家ムートは、国際政治学を専攻するハーヴァード大学教授アラステア・I・ジョンストンの「文化とは、個人もしくは集団の思考に一定程度の規則性を課すもので、共通の決定ルール、処方箋、標準作業手順、決定のルーティーンである」との定義、さらに「文化が行動に作用する場合、それは選択される行動に制限をつけること、そして、その文化に属する者が相互の交流から何を習得するかに影響を与えることによってなされる」との指摘を引き（ムート前掲書）、軍隊もその例外ではないとの問題設定から、第二次世界大戦の米独将校の「指揮統帥文化（コマンド・カルチャー）」を討究した。

仮にこうした分析枠組みを援用するならば、こうした昭和陸海軍の宿痾（しゅくあ）はまさしく、そのコマンド・カルチャーの帰結であったとみなすことができる。では、多数の問題点をはらんだ日本的指揮統帥の文化は、いかなる種子から芽を吹き、根を下ろしていったのか。

この終章では、紙幅の制限上ポイントを列挙するに留まるけれども（より精密な論述のためには別の一書が必要となるだろう）、試論を示し、本書の結びに代えることとしたい。

形骸化・官僚化する軍隊

軍隊が、軍事的合理性を敵と競い合い、戦争に勝つことを目的とする特殊な性格を持つとはいえ、本質的には官僚組織であることは論（ろん）を俟（ま）たない。その色彩は、平時にはより濃厚となり、軍隊の弱体化をもたらす。脅威なき平時においてはなおさらである。

近年のドイツ連邦国防軍（ブンデスヴェーア）などは、その典型例といえよう。冷戦のさなかには、ＮＡＴＯ諸国の軍隊中でも精強を謳われ、米軍が一目置くほどの存在であったのが、ソ連と東欧社会主義体制が崩壊し、四囲に脅威がない状態になってから（もっとも、それは近代以降のドイツにとって初めての経験だった）わずか四半世紀ほどで、質量ともに戦力の低下を来し、徹底的な再建の必要が叫ばれるようになってしまったのだ。

おそらくは、第一次世界大戦後の日本陸海軍もそうした状態にあった。中国は辛亥革命後の混乱なお収まらず、ロシア帝国は革命によって滅びたから、北の脅威は消えた。また、海上の仮想敵であるイギリスやアメリカとは協調体制をきずくことに成功している。

日本は、幕末以来ほぼ半世紀を経て、ようやく外国の脅威から解放されたのであった。

戦前期日本の戦略ドクトリンである「帝国国防方針」をみても、大正十二（一九二三）年の改定で、アメリカを第一の想定敵国として、ロシアおよび中国がそれにつぐと決めたものの、明治四十（一九〇七）年、日露再戦の可能性を念頭に置いて作成された際、あるいは戦争の可能性がより現実的になってきた昭和十一（一九三六）年の改定時ほどの切迫感はない。軍隊という官僚組織の存在理由を主張するための仮想敵設定とまでいえば、酷な評価ということになろうが、そうした側面を全否定することもできまい。

いずれにせよ、かような戦略環境のなかで、つかの間の安定を享受することはしばしば、戦いに勝つことを至上命題とする暴力装置という軍隊の理念型からの逸脱、さらには、前例主義や硬直した思考など、官僚組織としての諸側面の肥大につながる。昭和陸海軍のコマンド・カルチャー頽廃の起点の一つは、この時期にあったように思われる。

総力戦から眼をそむけた

もう一点、日本軍のコマンド・カルチャーの停滞や退化を間接的に醸成(じょうせい)した要因として、戦争の性格の変化が挙げられよう。すでに日露戦争において、勝敗は、戦場での激突ではなく、国力や生産力の競争、国民の継戦意志保持の程度によって定まるという傾向がみられはじめていたが、第一次世界大戦は、その潮流の向かう先を残酷なまでにあきらかにした。

中立国スイスの国境から英仏海峡まではりめぐらされた野戦築城や、それを破壊せんとして、ときには数週間におよぶ砲撃が加えられるといった第一次世界大戦の様相は、もはや戦争は、軍隊ではなく、国民対国民の闘争であり、そこで決定的になるのは、将兵の士気や練度、作戦や戦術よりも、生産力の多寡であることを如実に示していたのである。

その第一次世界大戦の実情や教訓を研究した日本陸海軍の将校の多くは、絶望に襲われたにちがいない。なぜなら、第一次世界大戦の戦勝国として、米英仏伊とならぶ「五大国(ビッグ・ファイヴ)」の一つになりおおせたとはいえ、日本の国力はとうてい諸列強が繰り広げたような「総力戦」に耐えられるものではなかったし、また、近い将来にそのような態勢を構築できる見込みもなかったからだ。

かくのごとき事実を突きつけられた陸海軍の将校は、さまざまな対応をみせた。この問題に思想史研究の視点からアプローチした片山杜秀(かたやまもりひで)の言葉を借りれば、「本気で『持たざる国』を『持てる国』にしようと夢想した者もありました。精神力という『無形戦力』で『持たざる国』に相応しい金のかからない下駄を履かせ、何とかごまかして切り抜けようと思い詰めた者も居ました」ということになる（片山杜秀『未完のファシズム』）。

しかし、陸海軍首脳部のほとんどは、総力戦の要求に正面から向かい合うことを避け、日本の国力でも可能な戦略・作戦・戦術を正解として設定し、将校たちに叩き込んだ。日本軍の第一次世界大戦史研究を検討すれば、その過程が浮かび上がってくる。

第一次世界大戦は日本陸海軍将校を絶望に陥れた

なるほど、陸海軍は、厖大な予算と人員を投じ、英独仏露をはじめとする列強の公刊戦史の翻訳刊行、高級将校育成・研究機関である陸軍大学校や海軍大学校、軍の各学校などで研究を実行させるなど、第一次世界大戦から学ぶ努力を怠りはしなかった。

だが、当時の日本社会のエリートであった陸海軍の将校が出した結論は、空虚なものであったといわざるを得ない。彼らの多くは、戦争の実態から最適のドクトリンを追求するのではなく、おのれが取り得る作戦や戦術に都合のいい戦例を述べ立てる「教訓戦史」に走ったのである。

陸軍は、第一次世界大戦の西部戦線に現出した物量戦の本質をみきわめようとはせず、短期決戦のための作戦案だったドイツの「シュリーフェン計画」や、タンネンベルク包囲殲滅(せんめつ)戦の指揮統帥をもてはやし、日本も、さような戦争のわざにより、つぎの戦争に勝利すると呼号した。

海軍は、海上交通保護に象徴されるような新しい課題が生じているにもかかわらず、艦隊決戦による制海権の確保という古典的な認識をあらためることなく、第一次世界大戦の水上部隊による海戦の作戦・戦術的分析に注力し、そこからみちびかれた、現実的ではない「戦訓」にしたがった。それが、来るべきアメリカ太平洋艦隊の来寇(らいこう)を迎え撃ち、最終的には日本海海戦式の艦隊決戦で勝利するとの日本海軍の「漸減邀撃(ぜんげんようげき)」ドクトリンに即していたことはいうまでもない。

つまり、昭和陸海軍は、第一次世界大戦を経験していながら、それよりも前の戦争理解と対応に終始したのであった。日本軍は、日露戦争のやり方で太平洋戦争を遂行したとはよくいわれることだけれども、かかる研究のあり方からすれば、しごく当然のなりゆきだったろう。「将軍たちは常に一つ前の戦争に備える」との皮肉な箴言(しんげん)がある。しかし、昭和の陸海軍は「一つ前」どころか、「二つ前」の戦争の準備をしていたのである。

そうした仮構(フィクション)にもとづく戦略が通用した背景には、陸海軍指導層の大部分に、総力戦遂行は不可能であり、強行すれば必ず破綻するとの語られざる共通認識があったのではないか——

と結論づけるには、なおいっそうのリサーチと検討が必要だが、筆者は、前出の片山同様、そのような仮説を抱いている。

艦隊決戦というドグマの犠牲となった「大和」と「武蔵」

秀才の戦争

いずれにせよ、昨日の理解によって、明日の戦争にのぞまんとした昭和陸海軍のあり方は、制約なき思考にもとづき不確定な将来を洞察するという知的営為を封じる結果となった。先制、機動、寡兵よく大軍を破る、艦隊決戦で一気に雌雄（しゆう）を決するなどの陸海軍のドグマが、当局の定めた「正解」とされ、将校たちに教え込まれた。同時期のドイツ国防軍の教範は「用兵は一（ひとつ）の術にして、科学を基礎とする、自由にしてかつ創造的な行為なり」と概念規定していたが（「軍隊指揮」一九三六年版、ドイツ国防軍陸軍統帥部／陸軍総司令部編纂『軍隊指揮』所収）、昭和陸海軍はその逆へと走ったのである。

陸軍士官学校はもちろん、高級指揮官養成機関である陸軍大学校でさえも、「自由にしてかつ創造的な行為」を奨励していたとは言いがたい。図上演習や現地戦術（実際に演習地ほかに行き、現地に即した設問に答え、討議する教育方法）などで、一見、未知なる混沌とした状況に自らの思考で考える能力を鍛えているかのようではあったけれど、拠って立つ原理原則が当局の「正解」であり、それを疑うことが許されていない以上、その教育は、悪しき意味での「教化（インドクトリネーション）」にすぎなかった。

海軍も同様で、海軍大学校では、やはり図上演習や兵棋演習といった今日でいうシミュレーションや戦史教育による自主的な判断能力の育成に努めたものの、その教育は結局、漸減邀撃作戦への意思・認識の統一に終わったとみてよい。小沢治三郎が、日本海軍の「教科書」であった「海戦要務令」を読むなと述べたという挿話は、現実はそうでなかったことの裏返しの証左といえよう。

さらに致命的であったのは、陸大・海大ともに、おおむね作戦・戦術次元の知識や理解を教えるだけで、第一次世界大戦で重要性が認識された、政治（当然、外交や経済政策等も含む）と戦略を包含した「戦争指導」については等閑視したも同然だったということだ。結果として、作戦、場合によっては戦術の延長として戦略を構想する、偏頗な将校たちが誕生、累進し、日本軍の指揮統帥の責任を負って——奈落の底に落ちていった。「正解」を完璧に習得した秀才の戦争は、教科書にない局面に遭遇するや、混乱におちいり、敗北に傾いていったのである。

ちなみに、最近、辻政信や牟田口廉也といった、戦略・作戦次元での敗北の重要な一因となったような人物を、彼らとて、下級指揮官、あるいは連隊長・師団長などのポストにいたときには有能で、戦術的な成果を上げていたと弁護する向きがある。だが、そのような現象も「秀才の戦争」という理解で説明できるように思われる。

彼らはたしかに、昭和陸海軍のドクトリンが通用する作戦環境にあっては、教えられてきた「正解」を駆使し、その能力を十二分に発揮したかもしれない。しかし、日本軍が「正解」通りに戦える状況を享受していた時期は、日中戦争や太平洋戦争初期に限られていた。ひとたび、連合軍が戦略・作戦次元で教科書にない局面を作為したとき、そうした秀才たちは戦術次元の発想にもとづく対応しかできず、敵にではなく、味方にとっての災厄となっていったのである。

敢えて蛇足を付け加えるならば、戦争の諸階層（戦略・作戦・戦術）のうち、上位の次元で能力を発揮する軍人ほど、高く評価されることはいうまでもない。

人事システムの硬直

ドグマへの執着、さらには、それを拳々服膺する秀才の重用は、昭和陸海軍の人事システムを硬直させていった。米軍のＲＯＴＣ、イギリスのマーヴェリックの存在を許容する軍隊文化といった人事上のバイパスを持たぬことも相俟って、日本軍の将校たちは、独創的な異分子を持たぬ均質的な集団となっていく。

加えて、先に触れた官僚組織としての側面が肥大したことは、実戦において功績を上げた者や正統的なキャリア以外で頭角を現した者の抜擢を困難にした。海軍は海大よりも海軍兵学校の、陸軍は士官学校よりも陸大の成績を重視するといった差異はあるものの、おおむね学校の、それも非常に若い時期における評価をベースにした、精緻ではあるけれども融通の利かない昇進・人事システムがつくりあげられていたのである（むろん、いわゆるコネの影響がないわけではないが、本章では、その問題はひとまず措く）。

ゆえに、適材適所の配置は、戦争遂行にクリティカルな意味を持つ高級指揮官の人事においてさえも望めなくなった。たとえば、海軍では、艦隊の司令長官を更迭しようと思えば、先任順位の玉突きが起こり、それを解決しなければ、配置転換は実現し得ないのであった。

かくのごとき人事システムの欠陥は、すでに少なからぬ論者によって指摘されてきたことではある。とはいえ、その根源を探るにあたっては、昭和陸海軍のコマンド・カルチャー、とりわけ官僚組織としての性格ならびにドグマ化したドクトリンの問題を念頭に置く必要があるかと思われる。

以上、なお考察を深める余地もあり、ほかにも検討すべきファクターが多々あるだろう分析ではあるが、コマンド・カルチャーなる概念にもとづくアプローチを提示すると同時に、今後の課題を確認するための一試論としてまとめてみた——と、本来ならば、ここで筆を擱くのがよかろう。ただ、筆者自身説明がつかず、しかもコマンド・カルチャーによる分析可収まりが能範囲を超えるものと思われる問題があるから、一点だけ指摘しておきたい。

昭和陸海軍が、状況や敵の企図を判断する際、非常に独善的かつ楽観的な姿勢を示す傾向が強かったことはよく知られている。しかしながら、史実を調べていくと、明治大正にも同様の事例が少なくないことがわかる。一例だけ、明治陸軍に教官として招かれたクレメンス・ヴィルヘルム・ヤーコプ・メッケル少将（最終階級。来日時は少佐）の発言を引こう。明治二十一（一八八八）年、九州で実施された参謀旅行（現地戦術のための旅行）の総評において、メッケルは「日本将校固有の欠点」を三つ挙げ、その第一は「物事が容易に為し得るものと妄想（ママ）していること」だと断じたのである（林三郎『参謀教育』）。

この欠点がいずこから来ているのかを解明するのは、実に興味深い課題であろう。しかし、それは日本人論の範疇（はんちゅう）に属する問いかけであるのかもしれない。

主要参考文献

紙幅の制限があるため、直接、参照・引用した文献のみを挙げるに留める。

全般

大木毅『指揮官たちの第二次大戦　素顔の将帥列伝』、新潮選書、二〇二二年。

片岡徹也編『軍事の事典』、東京堂出版、二〇〇九年。

児島襄『児島襄戦史著作集』、第十巻（『指揮官／参謀』）、文藝春秋、一九七八年。

財団法人　海軍歴史保存会『日本海軍史　第九巻　将官履歴（上）』、第一法規出版、一九九五年。

同　『日本海軍史　第十巻　将官履歴（下）』、第一法規出版、一九九五年。

上法快男監修／外山操編『陸海軍将官人事総覧　海軍篇』、芙蓉書房出版。一九八一年。

同　『陸海軍将官人事総覧　陸軍篇』、芙蓉書房出版。一九八一年。

戸高一成編『［証言録］海軍反省会』、全十一巻、ＰＨＰ研究所、二〇〇九〜二〇一八年。

秦郁彦『昭和史の軍人たち』、文藝春秋、一九八二年。

秦郁彦編『日本陸海軍総合事典［第2版］』、東京大学出版会、二〇〇五年。

防衛庁防衛研修所戦史部『戦史叢書　陸海軍年表』、朝雲新聞社、一九八〇年。

Muth, Jörg, *Command Culture. Officer Education in the U.S. Army and the German Armed Forces, 1901–1940, and the Consequences for World War II*, paperback-edition, Denton, TX., 2011. イエルク・ムート『コマンド・カルチャー　米独将校教育の比較文化史』、大木毅訳、中央公論新社、二〇一五年。

第一章「戦争になって、不充分な兵力で相当厄介な仕事にかかることになるか」アーサー・E・パーシヴァル名誉中将（イギリス陸軍）

浅井達三／稲垣浩邦／大方弘男／本間金資／中村正（司会）「『日本ニュース』報道班員座談会　太平洋戦争の決定的瞬間」、『歴史と人物　太平洋戦争シリーズ61年冬号』、中央公論社、一九八六年。
ノエル・バーバー『不吉な黄昏　シンガポール陥落の記録』、原田榮一訳、中公文庫、一九九五年。
防衛庁防衛研修所戦史室『戦史叢書　マレー進攻作戦』、朝雲新聞社、一九六六年。
陸戦史研究普及会編『陸戦史集2　マレー作戦（第二次世界大戦史）』、原書房、一九六六年。
ジェイムズ・リーサー『シンガポール　世界を変えた戦闘』、向後英一訳、早川書房、一九六九年。
Dixon, Norman F., *On the Psychology of Military Incompetence*, paperback-edition, New York, 2016.
Farrell, Brian/Hunter Sandy (eds.), *Sixty Years on. The Fall of Singapore Revisited*, Singapore, 2002.
Kinvig, Clifford, *Scapegoat. General Percival of Singapore*, London, 1996.
Kirby, Stanley Woodburn et al., *The War against Japan*, Vol. 1, London, 1957.
Percival, Arthur E., *The War in Malaya*, Bombay/Calcutta/Madras, 1957.
Simpson, Keith, "Percival", John Keegan (ed.), *Churchill's Generals*, paperback-edition, London, 1999.
Smyth, John, *Percival and the Tragedy of Singapore*, London, 1971.
Wigmore, Lionel, *Australia in the War of 1939–1945. The Japanese Thrust*, Canberra, 1957.

第二章　「パーフェクトゲーム」　三川軍一中将（日本海軍）

大木毅『「太平洋の巨鷲」山本五十六　用兵思想からみた真価』、角川新書、二〇二一年。

大西新蔵『海軍生活放談　日記と共に六十五年』、原書房、一九七九年。

亀井宏『ガダルカナル戦記』、第一巻、光人社NF文庫、一九九四年。

「戦争と平和の30年　猛将たちはどう生きてきた」、『サンデー毎日』、毎日新聞社、一九七四年八月十八日号。

中村整史朗「中将　三川軍一——第一次ソロモン海戦の知将」、『歴史と旅　特別増刊号45　帝国海軍提督総覧』、秋田書店、一九九〇年。
野呂邦暢『新装版　失われた兵士たち――戦争文学試論』、芙蓉書房、一九八一年。
防衛庁防衛研修所戦史室『戦史叢書　南東方面海軍作戦〈1〉――ガ島奪回作戦開始まで――』、朝雲新聞社、一九七一年。
同　『戦史叢書　大本営海軍部・聯合艦隊〈3〉――昭和十八年二月まで――』、朝雲新聞社、一九七四年。
Morison, Samuel Eliot, *History of United States Naval Operations in World War II*, Vol. II, *Operations in North African Waters: October 1942–June 1943*, reprint-ed., Edison, NJ., 2001.
Ditto, *History of United States Naval Operations in World War II*, Vol. III, *The Rising Sun in the Pacific: 1931–April 1942*, reprint-ed., Edison, NJ., 2001. サミュエル・エリオット・モリソン『太平洋戦争アメリカ海軍作戦史第一・二巻　太平洋の旭日　1931年〜1942年4月』、中野五郎訳、上下巻、改造社、一九五〇年。
Morison, Samuel Eliot, *History of United States Naval Operations in World War II*, Vol. V, *The Struggle for Guadalcanal: August 1942–February 1943*, reprint-ed., Edison, NJ., 2001.
Warner, Denis and Peggy with Sadao Seno, *Disaster in the Pacific. New Light on the Battle of Savo Island*, Annapolis, MD., 1992. デニス・ウォーナー／ペギー・ウォーナー／妹尾作太男『摑めなかった勝機――サボ島海戦50年目の雪辱』、妹尾作太男訳、光人社、一九九四年。

第三章　「これだから、海戦はやめられないのさ」　神重徳少将（日本海軍）

阿川弘之『私記キスカ撤退』、文藝春秋、一九七一年。

井上成美伝記刊行会編『井上成美』、井上成美伝記刊行会、一九八二年。

神重隆「海軍参謀　神重徳の憶い出」、『高尾野郷土研究』第七号（一九九七年）。この神の息子による手記は、のちに「父・神重徳の想い出」、『丸　エキストラ　戦史と旅』第二六号（二〇〇一年）として、一般に公表された。ただし、後者は細部に割愛されているところがある。

越口敏男「巡洋艦『多摩』神重徳　キスカ撤退　艦上の一言」、『歴史と人物　太平洋戦争シリーズ　実録　日本陸海軍の戦い』、中央公論社、一九八五年。

『薩摩の武人たち　三代軍人列伝』、南日本新聞社、一九七五年。

中澤佑刊行会編『海軍中将中澤佑』、原書房、一九七九年。

仲繁雄「第八艦隊の殴り込み『鳥海』砲術長の手記」、「丸」編集部編『重巡洋艦戦記　私は決定的瞬間をこの目で見た！』、光人社、二〇一〇年。

丹羽文雄『海戦（伏字復元版）』、中公文庫、二〇〇〇年。

防衛庁防衛研修所戦史室『戦史叢書　北東方面海軍作戦』、朝雲新聞社、一九六九年。

前掲『ガダルカナル戦記』、第一巻。

前掲『戦史叢書　南東方面海軍作戦〈1〉』。

防衛庁防衛研修所戦史室『戦史叢書　南東方面海軍作戦〈3〉』、朝雲新聞社、一九七六年。

吉田満／原勝洋『ドキュメント戦艦大和』、文春文庫、一九八六年。

第四章　「日本兵はもはや超人とは思われなかった」　アリグザンダー・A・ヴァンデグリフト大将（アメリカ合衆国海兵隊）

菅原進『一木支隊全滅　ガダルカナル島作戦　第七師団歩兵第二十八聯隊』、私家版、一九七九年。

関口高史『誰が一木支隊を全滅させたのか　ガダルカナル戦と大本営の迷走』、芙蓉書房出版、二〇一八年。

リチャード・トレガスキス『ガダルカナル日記』、福澤守人訳、三光社、一九四六年。

野中郁次郎『アメリカ海兵隊　非営利型組織の自己革新』、中公新書、一九九五年。

同　　　　『知的機動力の本質――アメリカ海兵隊の組織論的研究』、中央公論新社、二〇一七年。
秦郁彦「ガダルカナル戦の起点と終点」、『軍事史学』第二二七号、二〇二一年。
防衛庁防衛研修所戦史室『戦史叢書　南太平洋陸軍作戦〈1〉――ポートモレスビー・ガ島初期作戦――』、朝雲新聞社、一九六八年。
松浦行真『混迷の知恵――遠すぎた島ガダルカナル』、情報センター出版局、一九八四年。
陸戦史研究普及会編『陸戦史集22　ガダルカナル島作戦（第二次世界大戦史）』、原書房、一九七一年。
Frank, Richard B., *Guadalcanal. The Definitive Account of the Landmark Battle*, reprint-ed., London et al., 1992.
Hoffman, Jon T., "Alexander A. Vandegrift, 1944–1948", Millett, Allan Reed/Shulimson, Jack（eds.）, *Commandants of the Marine Corps*, Annapolis, MD., 2004.
Hough, Frank O. et al., *History of U.S. Marine Corps Operations in World War II*, Vol. I, *Pearl Harbor to Guadalcanal*, on-demand-ed., made in Middletown, DE., 2021.
Naval History and Heritage Command, Vandergrift, Alexander A.（https://www.history.navy.mil/our-collections/photography/us-people/v/vandergrift-alexander-a.html 二〇二二年十二月二十日閲覧）.
Taaffe, Stephen R., *Commanding the Pacific. Marine Corps Generals in World War II*, Annapolis, Md., 2021.
United States Marine Corps History Division, Who's Who in Marine Corps History（https://web.archive.org/web/20120418190233/http://www.tecom.usmc.mil/HD/Whos_Who/Vandegrift_AA.htm 二〇二二年十二月二十日閲覧）.
U. S. MARINE CORPS. FIRST MARINE DIVISION. FINAL REPORT ON GUADALCANAL OPERATIONS. PHASE I. Defense Technical Information Center（https://www.ibiblio.org/hyperwar/NHC/NewPDFs/USMC/USMC.ComGenFirstMarDiv.Final.Report.Guadalcanal.pdf 二〇二二年十二月二十二日閲覧）.

U. S. MARINE CORPS. FIRST MARINE DIVISION. FINAL REPORT ON GUADALCANAL OPERATIONS. PHASE II. Defense Technical Information Center（https://apps.dtic.mil/dtic/tr/fulltext/u2/a587853.pdf 二〇二二年十二月二十一日閲覧）.

Vandegrift, Alexander A., *Once A Marine. The memoirs of General A. A. Vandegrift, Commandant of the U.S. Marines In WWII*, New York, 1966.

第五章　「細菌戦の研鑽は国の護りと確信し」　北條圓了軍医大佐（日本陸軍）

常石敬一『消えた細菌戦部隊』、ちくま文庫、一九九三年。

同　　『医学者たちの組織犯罪　関東軍第七三一部隊』、朝日新聞社、一九九四年。

同　　『七三一部隊　生物兵器犯罪の真実』、講談社現代新書、一九九五年。

同　　『731部隊全史　石井機関と軍学官産共同体』、高文研、二〇二二年。

秦郁彦「日本の細菌戦（上）　七三一部隊と石井四郎」・「日本の細菌戦（下）　中国大陸とサイパンで」、同『昭和史の謎を追う』、上巻、文藝春秋、一九九三年。

フリードリッヒ・ハンセン「第二次大戦中のドイツの生物戦」、神奈川大学評論編集専門委員会編『医学と戦争　神奈川大学評論叢書　第五巻』、御茶の水書房、一九九四年。

北條圓了「私の滞欧回顧録」、伯林会編『大戦中在独陸軍関係者の回想』、私家版、一九八一年。

陸上自衛隊衛生学校『大東亜戦争陸軍衛生史／1／陸軍衛生概史』、陸上自衛隊衛生学校、一九七一年。

„Über den Bakterien-Krieg“, H 10–25/1, Bundesarchiv-Militärarchiv, Freiburg i.Br., BRD.

Deichmann, Ute, *Biologen unter Hitler. Vertreibung, Karrieren, Forschung*, Frankfurt a. M./New York, 1992.

Ditto, *Biologen unter Hitler. Porträt einer Wissenschaft im NS-Staat*, Frankfurt a. M., 1995.

Hansen, Friedrich, *Biologische Kriegsführung im Dritten Reich*, Frankfurt a. M./New York, 1993.

Martin, Bernd, "Japanese-German Collaboration in the development of bacteriological and chemical weapons and the war in China", Spang, Christian/Wippich, Rolf-Harald（eds.）, *Japanese-German Relations, 1895-1945. War, diplomacy and public opinion*, London/New York, 2006.

第六章　「空中戦で撃墜を確認した敵一機につき、五百ドルのボーナスが支払われた」　クレア・L・シェンノート名誉中将（アメリカ合衆国空軍）

アラン・アームストロング『「幻」の日本爆撃計画　「真珠湾」に隠された真実』、塩谷紘訳、日本経済新聞出版社、二〇〇八年。

マーチン・ケーディン『日米航空戦史　零戦の秘密を追って』、中条健訳、経済往来社、一九六七年。

源田孝『アメリカ空軍の歴史と戦略』、芙蓉書房出版、二〇〇八年。

中山雅洋『中国的天空　沈黙の航空戦史』、上下巻、大日本絵画、二〇〇七～二〇〇八年。

ロナルド・ハイファーマン『日中航空決戦　「零戦」「隼」対「フライング・タイガーズ」』、板井文也訳、サンケイ新聞社出版局、一九七三年。

秦郁彦『陰謀史観』、新潮新書、二〇一二年。

Byrd, Martha, *Chennault. Giving Wings to the Tiger*, Tuscaloosa/London, 1987.

Chennault, Claire Lee, *Way of a Fighter*, New York, 1949.

Eisel, Braxton, *The Flying Tigers. Chennault's American Volunteer Group in China*, n.p., n.d.（2009?）

Ford, Daniel, *Flying Tigers. Claire Chennault and His American Volunteers, 1941-1942*, paperback-edition, Durham, NH., 2016.

Samson, Jack, *The Flying Tiger. The True Story of General Claire Chennault and the U.S. 14th Air Force in China*, paperback-edition, Guilford, CT., 2012.

第七章「諸君は本校在学中そんな本は一切読むな」小沢治三郎中将（日本海軍）

提督小澤治三郎伝刊行会編『提督小澤治三郎伝』、原書房、一九六九年。

寺崎隆治『海軍魂　勇将小沢司令長官の生涯』、徳間書店、一九六七年。

橋本廣『機動部隊の栄光　艦隊司令部信号員の太平洋海戦記』、光人社ＮＦ文庫、二〇〇五年。

宮野澄『小澤治三郎　果断・寡黙・有情の提督』、ＰＨＰ文庫、一九九九年。

第八章「猛烈に叩け、迅速に叩け、頻繁に叩け」ウィリアム・ハルゼー・ジュニア元帥（アメリカ合衆国海軍）

Borneman, Walter R., *The Admirals. Nimitz, Halsey, Leahy, and King/The Five-Star Admirals Who Won the War at Sea*, paperback-edition, New York et al., 2013.
Halsey, William F./Bryan III, J., *Admiral Halsey's Story*, New York/London, 2013.
Hughes, Thomas Alexander, *Admiral Bill Halsey. A Naval Life*, Cambridge, MA./London, 2016.
Morison, Samuel Eliot, *History of United States Naval Operations in World War II*, Vol. XII, *Leyte: June 1944-January 1945*, reprint-ed., Edison, NJ., 2001.
Potter, E.B., *Bull Halsey*, paperback-edition, Annapolis, MD., 2003. Ｅ・Ｂ・ポッター『「キル・ジャップス！」――ブル・ハルゼー提督の太平洋海戦史』、秋山信雄訳、光人社、一九九一年。
Wukovits, John, *Admiral "Bull" Halsey. The Life and Wars of the Navy's Most Controversial Commander*, New York, 2010.

第九章　「これが実現は内外の情勢に鑑み、現当局者にては見込つかず」　酒井鎬次中将（日本陸軍）

加登川幸太郎『増補改訂　帝国陸軍機甲部隊』、ちくま学芸文庫、二〇二三年。

共同通信社「近衛日記」編集委員会編『近衛日記』、共同通信社、一九六八年。

黒澤郁美「軍人酒井鎬次の政治的生涯」、『聖心女子大学大学院論集』、第三二（一）号、二〇一〇年。

「近衛文麿関係文書」（国立国会図書館憲政資料室蔵）、リール№10内の酒井鎬次談話。

齋藤大介「日本陸軍の機械化の特質――戦間期における軍備上の趨勢への対応――」、防衛大学校総合安全保障研究科学位請求論文、二〇一六年。

酒井鎬次『戦争指導の実際』、改造社、一九四一年。

同　『現代戦争論』、日本評論社、一九四二年。

同　『現代用兵論』、日本評論社、一九四三年。

同　『戦争類型史論』、改造社、一九四三年。

『諸家追憶談　近衛文麿内閣関係者が語る』、杉並区教育委員会、二〇二一年。

畠山清行『東京兵団』、上下巻、光風社書店、一九七六年。

J・H・モルダック『連合軍反撃せよ　クレマンソー勝利への記録』、酒井鎬次訳、芙蓉書房、一九七四年。

防衛庁防衛研修所戦史室『戦史叢書　大本営陸軍部〈5〉』、朝雲新聞社、一九七三年。

第十章　「おい、あの将校に風呂を沸かしてやれ」　山下奉文大将（日本陸軍）

宇都宮直賢『回想の山下裁判』、白金書房、一九七五年。
沖修二『山下奉文』、私家版（山下奉文記念会）、一九五八年。
同　『悲劇の将軍　人間山下奉文』、日本週報社、一九五九年。
同　『至誠通天　山下奉文』、秋田書店、一九六八年。

栗原賀久『運命の山下兵團　ヒリッピン作戦の實相』、鹿鳴社、一九五〇年。

児島襄『史説　山下奉文』、文春文庫、一九七九年。

今日出海『悲劇の将軍　山下奉文・本間雅晴』、文藝春秋新社、一九五二年。

アーサー・スウィンソン『四人のサムライ　太平洋戦争を戦った悲劇の将軍たち』、長尾睦也訳、早川書房、一九六九年。

同　『シンガポール　山下兵団マレー電撃戦』、宇都宮直賢訳、サンケイ第二次世界大戦ブックス、一九七一年。

ローレンス・テイラー『将軍の裁判　マッカーサーの復讐』、武内孝夫／月守晋訳、立風書房、一九八二年。

A・J・バーカー『〝マレーの虎〟山下奉文――栄光のシンガポール攻略戦――』、鳥山浩訳、サンケイ第二次世界大戦ブックス、一九七六年。

福田和也『山下奉文　昭和の悲劇』、文春文庫、二〇〇八年。

フクミツ・ミノル『将軍　山下奉文――モンテンルパの戦犯釈放と幻の財宝』、朝雲新聞社、一九八二年。

ジョーン・D・ポッター『マレーの虎　山下奉文の生涯』、江崎伸夫訳、恒文社、一九六七年。

堀栄三「山下奉文大将　九十日間の苦悩」、『歴史と人物　太平洋戦争シリーズ61年冬号　日本陸海軍の戦歴』、中央公論社、一九八六年。

安岡正隆『山下奉文正伝　「マレーの虎」と畏怖された男の生涯』、光人社NF文庫、二〇〇八年。

フランク・リール『山下裁判』、下島連訳、上下巻、日本教文社、一九五二年。

第十一章　「殴れるものなら殴ってみろ」　オード・C・ウィンゲート少将（イギリス陸軍）

デリク・タラク『ウィンゲート空挺団　ビルマ奪回作戦』、小城正訳、早川書房、一九七八年。
Anglim, Simon, *Orde Wingate. Unconventional Warrior*, Barnsley, 2014.

Ditto, *Orde Wingate and the British Army, 1922–1944*, paperback-edition, London/New York, 2015.
Diamond, Jon, *Orde Wingate*, Oxford, 2012.
Gordon, John W., "Wingate", John Keegan (ed.), *Churchill's Generals*, paperback-edition, London, 1999.
Mead, Peter, *Orde Wingate and the Historians*, Braunton, 1987.
Rooney, David, *Wingate and the Chindits. Redressing the Balance*, on demand-edition, n.p., 2019.
Ditto, *Military Mavericks. Extraordinary Men of Battle*, on demand-edition, n.p., 2019.
Royle, Trevor, *Orde Wingate. Irregular Soldier*, London, 1995.
Sambrook, Martin, *Lions in the Jungle. Wingate & the Chindits' Contribution to the Burma Victory*, on demand-edition, n.p., 2019.
Sykes, Christopher, *Orde Wingate*, London, 1959.

第十二章　「爆撃機だ、爆撃機を措いてほかにはない」　カーティス・E・ルメイ大将（アメリカ合衆国空軍）

奥住喜重／早乙女勝元『東京を爆撃せよ——作戦任務報告書は語る』、三省堂選書、一九九〇年。

奥住喜重／日笠俊男『米軍資料　ルメイの焼夷電撃戦　参謀による分析報告』、岡山空襲資料センター、二〇〇五年。

マルコム・グラッドウェル『ボマーマフィアと東京大空襲　精密爆撃の理想はなぜ潰えたか』、櫻井祐子訳、光文社、二〇二二年。

前掲『アメリカ空軍の歴史と戦略』。

源田孝『アーノルド元帥と米陸軍航空軍』、芙蓉書房出版、二〇二三年。

鈴木冬悠人『日本大空襲「実行犯」の告白』、新潮新書、二〇二一年。

カール・バーガー『B29　日本本土の大爆撃』、加登川幸太郎／中野五郎訳、サンケイ第二次世界大戦ブックス、一九七一年。
Coffey, Thomas M., *Iron Eagle. The Turbulent Life of General Curtis LeMay*, New York, 1986.
Kozak, Warren, *LEMAY. The Life and Wars of General Curtis LeMay*, Washington, DC, 2009.
LeMay, Curtis E./Kantor, MacKinlay, *Mission with LeMay: My Story*, Garden City, NY., 1965.
LeMay, Curtis E./Yenne, Bill, *Superfortress: The Boeing B-29 and American Airpower in World War II*, paperback-edition, Yardley, PA., 2006. C・E・ルメイ／B・イェーン『超・空の要塞B-29』、渡辺洋二訳、朝日ソノラマ新戦史シリーズ、一九九一年。
Scott, James M., *Black Snow. Curtis LeMay, the Firebombing of Tokyo, and the Road to the Atomic Bomb*, New York, 2022.
Tillman, Barrett, *LeMay*, New York, 2007.

終章　昭和陸海軍のコマンド・カルチャー——一試論として

浅野祐吾『帝国陸軍将校団』、芙蓉書房、一九八三年。

片山杜秀『未完のファシズム——「持たざる国」日本の運命』、新潮選書、二〇一二年。

黒野耐『参謀本部と陸軍大学校』、講談社現代新書、二〇〇四年。

実松譲『海軍大学教育　戦略・戦術道場の功罪』、光人社NF文庫、一九九三年。

上法快男編『陸軍大学校』、稲葉正夫監修、芙蓉書房、一九七三年。

高山信武『続・陸軍大学校』、上法快男編、芙蓉書房、一九七八年。

ドイツ国防軍陸軍統帥部／陸軍総司令部編纂『軍隊指揮——ドイツ国防軍戦闘教範』、旧日本陸軍・陸軍大学校訳、大木毅監修、作品社、二〇一八年。

林三郎『参謀教育——メッケルと日本陸軍』、芙蓉書房、一九八四年。

堀江好一『陸軍エリート教育　その功罪に学ぶ戦訓』、光人社、一九八七年。
松本重夫『市ヶ谷教育』、新人物往来社、一九七四年。

初出

第一～十二章については、『波』（新潮社）二〇二二年十二月号より二〇二三年十一月号までの連載に加筆訂正を加えた。終章「昭和陸海軍のコマンド・カルチャー――一試論として」は書き下ろし。

新潮選書

決断の太平洋戦史　「指揮統帥文化」からみた軍人たち

著　者………………大木　毅

発　行………………2024年3月25日

発行者………………佐藤隆信
発行所………………株式会社新潮社
〒162-8711　東京都新宿区矢来町71
電話　編集部 03-3266-5611
　　　読者係 03-3266-5111
https://www.shinchosha.co.jp
シンボルマーク／駒井哲郎
装幀／新潮社装幀室
印刷所………………株式会社三秀舎
製本所………………株式会社大進堂

乱丁・落丁本は、ご面倒ですが小社読者係宛お送り下さい。送料小社負担にてお取替えいたします。価格はカバーに表示してあります。

ISBN978-4-10-603907-2 C0320

指揮官たちの第二次大戦
素顔の将帥列伝
大木毅

南雲、デーニッツ、パットン、ジューコフ……彼らは本当に「名将」だったのか。『独ソ戦』の著者が六カ国十二人を精緻に再評価する、軍人評伝の決定版！

《新潮選書》

欧州戦争としてのウクライナ侵攻
鶴岡路人

NATOとロシアの熾烈な抑止合戦、ウクライナ抗戦の背景、そして日本への教訓は――「欧州」の視座から、この戦争の本質と世界の転換を解き明かす。

《新潮選書》

沈黙の勇者たち
ユダヤ人を救ったドイツ市民の戦い
岡典子

ナチス体制下のドイツ国内に取り残された潜伏ユダヤ人5000人は、いかにして生き延びたのか。名もなき市民による救援活動の驚くべき実態を描く。

《新潮選書》

歴史としての二十世紀
高坂正堯

戦争の時代に逆戻りした今こそ、現実主義の視点から二度の世界大戦と冷戦を振り返る必要がある。国際政治学者の幻の名講演を書籍化【解題・細谷雄一】。

《新潮選書》

日本の戦争はいかに始まったか
連続講義　日清日露から対米戦まで
波多野澄雄 編著
戸部良一 編著

大日本帝国の80年は「戦争の時代」だった。朝鮮半島、中国、アジア・太平洋で起こった戦役の開戦過程と当事者達の決断を各分野の第一人者が語る全8講。

《新潮選書》

日本はなぜ開戦に踏み切ったか
――「両論併記」と「非決定」――
森山優

大日本帝国の軍事外交方針である「国策」をめぐり、昭和16年夏以降、陸海軍、外務省の首脳らが結果的に開戦を選択する意思決定プロセスを丹念に辿る。

《新潮選書》